鉴定人日记

——检验鉴定行业一线亲历记

李雨亭 ◎ 主编

·青岛·

图书在版编目（CIP）数据

鉴定人日记：检验鉴定行业一线亲历记 / 李雨亭主编 . —青岛：中国海洋大学出版社，2023.11
ISBN 978-7-5670-3691-8

Ⅰ . ①鉴… Ⅱ . ①李… Ⅲ . ①鉴定 — 研究 Ⅳ . ① TB9

中国版本图书馆 CIP 数据核字（2023）第 212722 号

鉴定人日记——检验鉴定行业一线亲历记
JINDINGREN RIJI——JINYAN JIANDING HANGYE YIXIAN QINLIJI

主　　编	李雨亭
出版发行	中国海洋大学出版社
社　　址	青岛市香港东路 23 号　　邮政编码　266071
出 版 人	刘文菁
网　　址	http://pub.ouc.edu.cn
订购电话	0532-82032573
责任编辑	张跃飞
电子信箱	flyleap@126.com
策划出品	避暑录话工作室
装帧排版	青岛蓝科世纪信息咨询有限公司
设　　计	宋伟
印　　制	青岛金亿嘉印刷有限公司
版　　次	2023 年 11 月第 1 版
印　　次	2023 年 11 月第 1 次印刷
成品尺寸	170 mm × 240 mm
印　　张	14.75
字　　数	80 千
印　　数	1~1 000
定　　价	58.00 元

如有印装质量问题，请致电 16601115723，由避暑录话工作室负责调换。

《鉴定人日记——检验鉴定行业一线亲历记》
编委会

主　编　李雨亭

副主编　王皓冉　刘冲伟　李西峰

编　委　刘书慧　王法强　张　祺　孙志波

　　　　孙成功　史存峰　王　琳　刘　聪

　　　　韩　伟　王巧黎

序　言

　　习近平总书记在党的二十大报告中指出，要"加快构建新发展格局，着力推动高质量发展""高质量发展是全面建设社会主义现代化国家的首要任务""要坚持以推动高质量发展为主题，推动经济实现质的有效提升和量的合理增长"。改革开放40多年以来，我国经济已由高速增长阶段转向高质量发展阶段。所谓高质量发展的核心要求，就是要把提高供给体系质量作为主攻方向，把"坚持质量第一，质量是生命线"作为发展原则。作为产品质量生命线上重要的一环，检验鉴定是把关产品质量的重要环节和保证。提升中国检验、检测、鉴定的科技实力、构建与国家远景目标相匹配的中国检验、检测、鉴定行业的综合实力，把实施扩大内需战略同深化供给侧结构性改革有机结合起来，增强国内大循环内生动力和可靠性，提升国际循环质量和水平，加快建设现代化经济体系，并在以国内大循环为主体、国内国际双循环相互促进的新发展格局下，在更好地推动经济高质量发展过程中，实现检验、检测、鉴定自律规范的可持续发展，将每个检验、鉴定人的日常工作与上述宏伟目标紧密相连，是每一个检验、鉴定人所必需思考和面对的问题。

　　在我国的经济生活中，现代检验、鉴定既是一个高度专业化、技术特征明显的细分领域，又是一个涉及国民经济方方面面、几乎全方位覆盖经济生活的综合产业。

　　我国的检验鉴定制度始于20世纪七八十年代改革开放之初。1978

年，我国重新加入国际标准化组织，开始了解到检验鉴定是对产品质量进行评价、监督、管理的有效手段。1981年，我国加入国际电子元器件认证组织并成立了中国第一个产品认证机构——中国电子元器件认证委员会，标志着我国正式借鉴国外认证制度的开始。从20世纪80年代中期至90年代初期，我国相继建立了关于家用电器、电子娱乐设备、医疗器械、汽车、食品、消防产品等的一系列产品检验、检测、鉴定、认证制度。

1991年5月，国务院第83号令正式颁布了《中华人民共和国产品质量认证管理条例》，标志着我国的质量认证工作由试点起步进入了全面规范推行的新阶段。在这一阶段，除全面建立和实施产品认证外，在管理体系认证领域也取得了重要进展，相继建立了ISO9001质量管理体系、ISO14001环境管理体系、OHSAS18001职业健康安全管理体系等认证制度。

在认可领域，原国家质量技术监督局相继成立了中国质量管理体系认证机构国家认可委员会(CNACR)、中国认证人员国家注册委员会(CRBA)、中国实验室国家认可委员会(CNACL)和中国产品认证机构国家认可委员会(CNACP)，开展国内市场的认可工作；原国家进出口商品检验局相继成立了中国出口商品生产企业(ISO9000)工作委员会(CCQSEM)[后更名为中国国家进出口企业认证机构认可委员会(CNAB)]、中国进出口商品检验实验室认证委员会[后更名为中国进出口商品检验实验室认可委员会(CCIBLAC)]，开展进出口领域的认可工作。

2001年8月，为了适应我国"入世"和完善社会主义市场经济体制的需要，党中央、国务院决定将原国家质量技术监督局和国家出入境检验检疫局合并组建国家质量监督检验检疫总局，并成立国家认监委，这标志着我国建立了统一的认证认可管理体系。

2002年5月，以强制性产品认证制度为核心，国家正式实施了新的强制性产品认证制度，建立了国家统一管理的认证制度体系。2002年8月，在原进出口和国内两套认可体系的基础上，建立了集中统一的认可体系。2006年3月，为适应国际认可组织的要求和变化，中国认证机构国家认可委员会和中国实验室国家认可委员会合并，成立了中国合格评定国家认可委员会（CNAS），作为唯一的国家认可机构。

2018年3月，根据中共中央《深化党和国家机构改革方案》，组建国家市场监督管理总局，负责市场综合监督管理，统一管理检验检测、认证认可等工作。这表明我国的认证认可检验检测工作进入新时代。

我本人的工作学习、职业生涯、成长经历伴随着中国改革开放这一伟大的历史进程。我于1989年夏季开始，一直在国家进出口商品检验局从事商品检验检测认证工作。2004年，被调到国家认证认可监督管理委员会任职。2018年，随着国家机构改革，我根据组织安排，开始在国家市场监督管理总局工作，经历了中国检验检测认证行业从起步到发展壮大再到迈出国门、跨上新台阶的整个历程。在中国检验检测、认证认可行业发展的道路上，闪动着检验鉴定领域的工作者们筚路蓝缕、辛勤耕耘的美丽剪影，我也曾有幸亲眼看到、亲耳听到了在这个发展过程中，很多同行们拼搏、努力的平凡却不失伟大的事迹。

本书的编委会成员，有的来自检验、鉴定、认证、认可领域的行业管理部门，有的是检验鉴定行业的资深从业者，有的是从最初的检验员、鉴定员经过行业的历练之后迅速成长为行业内执业机构的领导，也有的是新加入检验鉴定领域的年轻人和业务骨干、技术中坚。他们中的有些人，经历了我国检验鉴定行业从无到有、从起步到发展壮大的几乎整个行业成长历程，有些人则赶上了我国检验、检测、鉴定行业发展的风口。无论是行业内的资深人士，还是刚加入行业的新手，他们都在面对我国检验检测认证认可行业起步较晚的局面，迎接世界检验鉴定行业的竞争和挑战，奋起直追，不断地缩短与国际同行业者的差距。直至今天，他们都依然坚持在检验鉴定的各个岗位上。从每一次现场采样、每一次接受业主委托、每一个实验数据、每一份鉴定报告、每一项检验鉴定业务做起，他们是工作在行业前沿的奋斗者。读者可以在本书中看到，他们从初入中国检验鉴定领域的入门者，经过不懈的努力，在市场化浪潮中，勇立潮头，成长为今天活跃在检验鉴定战场上的顶梁柱。

本书是从检验鉴定行业中的一个细分领域，从水尺计重、衡器鉴重、容量计重和残损鉴定等四个业务方面出发，记录了检验鉴定工作的点点滴滴，并通过学习、感悟，不断传播专业技术知识、分享检验鉴定领域的经验、心得。由点看面，从一个也是一群检验鉴定人的视角，折射出中国检验鉴定行业在技术积淀、人才培育、制度完善、产业发展的成长历程。此前，虽然有过大量文献对上述主题进行过探讨，但大多着眼于理论探讨和宏观叙事。真正从行业内的从业者、亲历者的个人角度进行感性叙事、探讨检验鉴定行业从业者的心得、感触、技术领悟、行业进步的文献，本书尚属国内首次。本书从检验鉴定人日常工作、生活的点滴入手，见微知著，展现出他们追赶国际同行、与国际同行并驾齐驱并最终超越国际同行的汗水和努力。在这个队列里，本书的编委会成员既是检验鉴定行业的所有人，又是本书的主人公、书内全部检验鉴定行为的主体"我"。他们是承担检验鉴定行业重担的中坚，是一起肩并肩、手挽手，在工作中紧密配合、默契无间的同事，也是从改革开放至今，数代忘我打拼的检验鉴定人在国家高质量发展阶段不断添砖加瓦的集体缩影。众多的检验鉴定人合而为一，既是"我"，又是团队里的所有人，是在平凡岗位上做出不平凡业绩的闪光群像。

习近平总书记在党的十九大报告中指出："我国经济已由高速增长阶段转向高质量发展阶段"。如果说质量是生命线，那么检验鉴定就是产品质量生命线上把关产品质量的重要环节和保证。而作为检验鉴定领域群像的"我"，则有幸成为这条生命线上的"守门员"。"我"的工作看似平凡，但肩上的责任却不轻松。编委会成员的每一个人，都记得为自己引路的师傅给自己的谆谆教导："你的工作就是一份称得起良心的工作，虽然普通、琐碎，但职责重大。只有日复一日、年复一年的坚守、奉献，只有不断加强理论学习、实践，才能把关好企业的产品质量，从而提高人民的生活质量和提升国家的发展质量。"

  近期，国家市场监督管理总局和海关总署的改革已经进入了深水区，这对与此相关的检验检测、认证认可领域的人才储备、人力水平、技术要求、体制准备等方面，都提出了新的挑战，也提出了更高的要求。深入实施人才强国战略，培养造就大批德才兼备的高素质人才，是国家和民族的长远发展大计，也是提高公共安全治理水平、推进高水平对外开放、进一步发展和提高检验检测认证认可行业的必由之路。"少年易老学难成，一寸光阴不可轻。未觉池塘春草梦，阶前梧叶已秋声。"恍然间，"我"也从初入职场的青涩少年，成长为一名称职的检验鉴定人。谨值本书即将出版、付梓之际，向所有工作在守护产品质量生命线上的检验鉴定人致敬！

2023 年 4 月

目　录

序言 ·· I

1 水尺计重 ·· 001
    1.1 第一次接触水尺计重 ·· 006
    1.2 学习标准 ·· 008
    1.3 船边5分钟 ·· 010
    1.4 原来这就是水尺计重 ·· 011
    1.5 水尺专业用语 ·· 015
    1.6 测量海水密度和压载舱 ·· 020
    1.7 吃水差原来是这么算出来的 ·· 024
    1.8 另一种压载水表 ·· 025
    1.9 竟然算错了 ·· 027
    1.10 大副的小算盘 ··· 028
    1.11 出海兜兜风 ··· 029
    1.12 船舶水尺标线分段的情况 ··· 030
    1.13 漂心距的确定 ··· 032
    1.14 终于要学习算排水量了 ··· 034
    1.15 第一次算出排水量 ··· 036
    1.16 完整的第一次 ··· 038
    1.17 船舶常数 ··· 040
    1.18 货舱也打满压载水了 ··· 042

1.19 另一种压载水表 …………………………………… 043
1.20 压载管结冰了 …………………………………… 044
1.21 是可忍孰不可忍 ………………………………… 045
1.22 水尺总结 ………………………………………… 047

2 残损鉴定、司法鉴定 …………………………… 069

2.1 第一次 …………………………………………… 077
2.2 第二次 …………………………………………… 079
2.3 登轮 ……………………………………………… 081
2.4 复习 ……………………………………………… 082
2.5 初见律师 ………………………………………… 083
2.6 卸货过程 ………………………………………… 084
2.7 边卸货边取样 …………………………………… 085
2.8 保险公司代表的复杂心态 ……………………… 086
2.9 P&I代表的情况 ………………………………… 087
2.10 卸载完毕，致损原因显露 ……………………… 088
2.11 漫长的签字 ……………………………………… 090
2.12 干隔舱进水对水尺计重的影响分析 …………… 091
2.13 一波三折的化验 ………………………………… 092
2.14 漫长的交涉过程 ………………………………… 093
2.15 货物处理 ………………………………………… 094
2.16 出具证书 ………………………………………… 095
2.17 结案分析 ………………………………………… 096
2.18 新一单业务 ……………………………………… 097
2.19 角色定位 ………………………………………… 098
2.20 现场取样 ………………………………………… 099
2.21 实验室测试 ……………………………………… 100
2.22 郑州实验室检测现场 …………………………… 101

2.23 与律师及港方的意见分歧 …………………… 102
2.24 第一次出庭 …………………… 103
2.25 第二次出庭前准备 …………………… 104
2.26 正式出庭 …………………… 105
2.27 大景大豆 …………………… 106
2.28 现场情况描述 …………………… 107
2.29 灵活处理不断变化的情况 …………………… 108
2.30 被P&I钻了空子 …………………… 109
2.31 漫长的取样过程 …………………… 110
2.32 无休止的签字 …………………… 111
2.33 复杂的过程,竟然没见到过律师 …………………… 112
2.34 实验室又给了当头一棒 …………………… 113
2.35 专家意见,受益匪浅 …………………… 114
2.36 不翼而飞的芝麻 …………………… 115
2.37 经验总结 …………………… 120

3 汽车衡器鉴重 …………………… 121
3.1 初识汽车衡器鉴重 …………………… 123
3.2 继续汽车衡器鉴重 …………………… 125
3.3 汽车衡器鉴重标准 …………………… 127

4 容器计重 …………………… 133
4.1 见识大油轮 …………………… 135
4.2 船舱计重之登轮准备 …………………… 138
4.3 船舱计重之测量准备 …………………… 143
4.4 船舱计重之量空距 …………………… 145
4.5 船舱计重之量油温 …………………… 147

4.6 船舱计重之量游离水 …………………………………… 149
4.7 船舱计重之计算 ………………………………………… 152
4.8 船舱计重之验空舱 ……………………………………… 156
4.9 船舱计重之应注意的问题 ……………………………… 160
4.10 岸罐计量 ………………………………………………… 162

5 营养物质检测 ……………………………………………… 169
5.1 初识实验室 ……………………………………………… 171
5.2 食品中的水分怎么测？ ………………………………… 175
5.3 食品中的无机物怎么测？ ……………………………… 177
5.4 测食品中最重要的营养物质 …………………………… 179
5.5 脂肪只能粗着测 ………………………………………… 181
5.6 新的挑战 ………………………………………………… 183
5.7 遇到挫折 ………………………………………………… 185
5.8 重拾信心再出发 ………………………………………… 192
5.9 满意的答卷 ……………………………………………… 197

6 适运水检测 ………………………………………………… 199
6.1 初次接触适运水检测 …………………………………… 201
6.2 筹建实验室 ……………………………………………… 203
6.3 开始营业了 ……………………………………………… 204
6.4 学习新知识了 …………………………………………… 205
6.5 开始接单了 ……………………………………………… 208
6.6 爬大高垛 ………………………………………………… 209
6.7 拿到实验室制样 ………………………………………… 211
6.8 来重点了 ………………………………………………… 212
6.9 开始装船了 ……………………………………………… 219

1 水尺计重

水尺计重，指的是在阿基米德原理的基础上，以船本身为计量工具，对船载货物进行计量的一种方法。水尺计重原称固体公估，适用于价值不高或不易用衡器计重的海运散装固态商品的计重。对承运的船舶通过观测船舶吃水，求得船舶的实际排水量和船用物料重量，以计算所载货物的重量。水尺计重具有省时、省力、省费用的优点，国际贸易和运输部门乐于采用。

1952年，上海商检局于上海首次出口散装氟石时，开始水尺计重工作。水尺计重的测算方法初期只是沿袭承运人以观看船舶首、尾吃水来核对发货人申报重量的方法，称为"核对吃水（Checking draft）"。后来在此方法的基础上，增加观测船舶中外档一舷的吃水，与船舶首、尾里档吃水相加，以算求平均值，求得船舶总平均吃水，计算出该船受载货物的重量。当时虽对船舶横倾采取平舱（即对货舱内货物扒平）或调节水油使船舶左右吃水相等，但对船舶拱陷、船舶在纵倾状态下对船首尾吃水、排水量和水舱内水深均未作相应校正，所以对测算的船载货物重量产生的误差较大。

为了统一测算方法和提高水尺计重精度，1954年，外贸部商检总局在北京召开公证鉴定会议。该会议召集了全国主要口岸商检机构的有关公证鉴定人员进行讨论，总结经验，达成了《固体公估操作规程（初稿）》的初步意见。公证鉴定人员于1955年开始，改变了原测算方法。如改为观测船舶首、尾、中、左、右六面吃水方法；对纵倾状态下的船首、尾吃水和水舱内水深均做纵倾校正,对船舶拱陷以拱陷值 1/2 校正,等等。

1956年,外贸部商检总局在青岛召开全国口岸商检局登轮鉴定会议,制定了我国第一份《固体公估操作规程》。该规程明确的工作程序为:①查核船舶是否具备公估条件,②了解船用物料情况,③测定船舶吃水,④测定港水密度,⑤测定贮水量,⑥查测燃料,⑦核算吃水,⑧计算相应排水量/载重量,⑨排水量校正,⑩港水密度校正,等等。这次会议为全国商检系统统一了水尺计重的测算方法,使测算船载货物重量的精度有了较大的提高。嗣后于1958年、1959年、1964年、1980年和1990年在全国口岸商检局登轮鉴定会议上,都对该《固体公估操作规程》进行不断修改、补充,使测算船载货物重量的精度进一步得到提高,达到允许误差在 ±0.5% 以内。1958年,青岛会议上以实例计算,证实船舶拱陷校正,是拱陷值的 72%,故应以拱掐值 3/4 校正;水舱内水深不是单纯作纵倾校正,尚需结合舱内水的状态做呆存水或将满未满校正。

上海商检局的水尺计重工作,工作量从20世纪50年代以后逐年增加。1959年,中国开始向日本出口生铁,上海港的水尺计重工作量大大增加。1968年,中国开始进口废钢,当第一艘载运废钢的船来上海港时,经上海商检局按水尺计重方式计重,测算结果缺重较多,发货人对上海商检局计重的结果心悦诚服,并表示愿承担补重责任。1969年,中国从伊朗、日本、巴西和印度进口大量生铁,每年约有100万吨,水尺计重工作量又相应加重。1976—1979年,中国从澳大利亚进口大量铁矿砂,且用载重量3万吨以上的大船运载,因上海港航道吃水深度不够,需要在绿华山锚地过驳减载。商检局计重人员须赴绿华山锚地做过驳前的水尺计重。在大海上看吃水尺不同于黄浦江上看吃水尺,海上风大浪涌,难度很大,这就迫使工作人员要练就大海上看水尺的能力。1980年,中国商检公司上海商检分公司成立以后,开始接受国外委托鉴定业务。从1984年起始,计重人员曾多次赴国外港口做进口铬矿等装船水尺计重工作,每次都能顺利完成任务。

在繁重的工作任务面前,如何使水尺计重工作做到既迅速又准确,是商检计重人员经常研究的问题。1959年,考虑在大风大浪中看准船舶吃水,曾试制了一种阻波器,后因其他因素的影响,阻波器实用性不够理想。20世纪50年代,计重人员在观测吃水时,是用小舢板划着观测。后由于工作量的增加,用小舢板观测吃水已不能适应工作需要,改为租用机动船观测吃水。到1976年,商检局自备一艘小艇,专用于观测船舶吃水。1985年,开始把电子计算机(便携式微机)运用到水尺计重工作中。计重人员把测定的原始数据输入编有专用程序的计算机内,就无须再查找船舶资料,船载货物重量的结果很快就被正确地打印出来。微机的运用既大大缩短了计算时间,又可防止查表和运算的差错。

1970年以后的数年中,曾发生4次从美国进口散装化肥重量短少索赔事件。发货人会同美国公证人麦逊来上海探讨水尺计重索赔问题。当同商检局水尺计重从业人员进行技术交流时,商检计重人员发现化肥重量的短少原因是美方在装港做水尺计重时,将船舶常数错算成负值所造成。经指出,麦逊承认是装港计算有误。另外2艘船装从美国进口硫黄短重,美方又派公证人强生以发货人身份来上海谈短重问题,并会同登轮观看商检局水尺计重的操作。当会同计算港水密度校正时,又发现美方在计算港水密度时有错误。经指出,强生承认上海商检局测算方法和计算结果均准确无误。从这几次同外方交流的结果来看,商检局的水尺计重技术水平和准确性是比较可靠的。1980年前后,中国大量出口饲料山芋干,国外发现多次重量短少而向中方索赔。上海商检局派员随船赴国外进行考察。通过装船、航行和卸货时的考察,对山芋干含水量进行对比试验,发现山芋干短重,主要是货物本身水分在航程中自然蒸发减少所致。

商检局计重人员认真细致,挽回了不少国家经济损失。1986年6月4日,对到港的"GAROUFALIA"轮水尺计重时,计算结果发现该轮所装的钢坯切头短少602吨,船方开始认为不可能,经过商检计重人员对每一环节每一数据认真复查无误后,与船方核实,船方才不得不承认短装,为国家挽回15万美元左右的经济损失。1987年1月10日,商检计重人员发现到港的"奥利玛"轮装载的进口化肥短少780吨,如果每吨以220美元计,则又一次为国家挽回17万美元。另外,在实际工作中,曾发生过装卸部门和部分船员不配合商检,使水尺计重工作无法进行,如水尺计重工作所需时间在装、卸货前为1~2小时,装、卸货后为2~3小时。但有时港方只考虑快装快卸早开船,不考虑水尺计重工作的时间,或只给0.5~1小时的工作时间。为了维护国家的利益,经多次同港方交涉,据理力争,港方终于同意延长时间,保证了水尺计重工作的时间。

1989年,国家商检局根据《中华人民共和国进出口商品检验法》规定,发布《商检机构实施检验的进出口商品种类表》,增加了许多法定检验商品,商品的重量也属于法定检验范围,水尺计重人员更须精益求精,提高技术水平,同时督促有关部门做好配合工作,才能切实做好口岸进出口商品的水尺计重工作。

1990年,国家商检局在上海召开重量鉴定技术委员会会议,对上海商检局负责修订的《进出口商品重量鉴定规程——水尺计重》(以下简称《水尺计重规程》)进行鉴定,代表们对《水尺计重规程》提出修改意见,对修订稿认为明确含意、统一符号、表达确切、公式排列顺序、便于应用微机等方面给予好评,并通过鉴定。

1.1 第一次接触水尺计重

新的一周,新的开始。由于工作岗位的调整,从今天开始,公司领导安排我学习水尺计重业务。在此之前,我对水尺计重的认识仅停留在理论上。进入检验鉴定这个行业需要从业资格的培训和考试,其中就包含水尺计重的理论讲解和计算应用。

初次接触水尺计重时,首先映入脑海的是小时候学过的课文《曹冲称象》。

小小年纪的曹冲认为船舶同水位下所载货物重量相当,将不便称量的大象转换为便于称量的小体积货物,以计算大象重量。实际上,聪明的曹冲所用的方法是"等量替换法",用许多石头代替大象,在船舷上刻画记号,让大象与石头产生等量的效果,再一次次称量石头的重量,最后累计称量出大象的重量。

然后映入脑海的则是中学物理中接触到的阿基米德定律,即浸入静止流体中的物体受到一个浮力,其大小等于该物体所排开的流体重量,方向垂直向上并通过所排开流体的形心。

阿基米德定律的数学表达式:$F_{浮}=G_{排}=\rho_{液}gV_{排}$。式中,$G_{排}$即为被物体排开的液体的重量,单位是牛;$\rho_{液}$是物体所浸入的液体的密度,其单位为千克/米³；$V_{排}$表示被物体排开的液体的体积，单位为米³，$g = 9.8$牛/千克（或取 10 牛/千克）。

水尺计重指的就是在阿基米德定律的基础上，以船本身为计量工具，对船载货物进行计量的一种方法。

具体操作：在船舶装卸前后，分别测定前后两次船舶吃水以及船舶淡水、压载水及燃油的储存量（或消耗量），同时前后两次测定在港海水密度，根据船舶的静水力曲线图表、舱容表及校正表等，计算船舶所载货物重量。

20 世纪 60 年代，日本工程师根本广太郎发表的论文《关于纵倾下船体排水量速算问题》得到广泛认可。论文中提出的修正公式，解决了船舶大纵倾状态下的排水量校正问题，具有数值精度高、计算速度快的特点，在我国也被推广应用。

"纸上得来终觉浅，绝知此事要躬行。"但真当要躬行时，我实在是忐忑不安。转岗第一日，抱有求知欲，同时怀揣着茫然和不安，心情颇为复杂。新岗位同事的热情暂时让我从纷乱的思绪解脱出来，让我增加了些信心。

1.2 学习标准

今日没有船舶停靠和水尺鉴定计划,同事们都在办公室。互道早安后,开始了新一天的工作。

同事孙老师热心地整理了一套水尺计重用资料,包括以往的水尺计重培训资料,工作规范、标准,并告诉我,不明白的地方可随时发问。实战之前,理论知识还是需要持续恶补的。

通过查看资料得知,1951年,青岛商品检验局首次受理出口散装铁矿石水尺计重工作,是国内最先开始这项工作的商检局之一。从最开始的仅观测首尾吃水,到观测六面吃水、水尺校正、拱陷校正、纵倾校正、密度校正、压载水测量等,数十年来,经过各检验机构水尺鉴定人员的不懈努力和方法改进,使测算船载货物重量的精度有了大幅提高。目前从事水尺计重所用的标准为《进出口商品重量鉴定规程 第2部分:水尺计重》(SN/T 3023.2—2012)。

其实,影响水尺计重准确性的因素有很多,如船舶拱垂变形、船舶纵倾、船用物料变动、风浪影响等。根据国际惯例,水尺计重的允许误差为±0.5%,为减小误差,标准对适用于船舶水尺计重的条件进行了规范要求,原则上装卸货物引起的船舶吃水变化须在1米以上,或至少装卸1 000

吨货物以上。

此外,《进出口商品重量鉴定规程 第 2 部分:水尺计重》(SN/T 3023.2—2012)标准对水尺计重有以下基本要求。

(1)船舶基本状况良好并处于完全漂浮状态。

(2)船舶水尺标记、甲板线、载重线标记字迹应清晰、规范。

(3)船舶纵倾不应超过压载水舱图标中纵倾修正值最大范围。

(4)在观测吃水或者测量压载水时,船方应停止调舱、平舱、泵水或加油;船舶缆绳不应系得过紧,也不应使用或移动船舶吊杆。

(5)压载水、淡水及油舱测量管应具备基本测量条件。

(6)具备本船有效、正规的计重用图表及资料。

(7)水尺计重时,船舶吃水处浪高不应超过 0.5 米。

对于缺乏水尺计重实践的我来说,部分材料还是略显晦涩难懂,想问却又不知从何问起。此种情况下,我分外期盼赶紧来一船散货,好让我好好地"理论联系实际"一番。

1.3 船边5分钟

今天早晨要去现场登轮鉴定了,终于要迈出实践的第一步。到了船边,师傅把我拉到一边,说给我上5分钟的课。这5分钟让我铭记一生。

总结起来就两点。第一,工作时安全是第一位的。工作时,要戴好安全帽,上下舷梯要小心稳重,确保工作时人身安全。第二,水尺开始前,必须保证已停止装卸货作业、停止开关舱、调吊具、压排水、加油水、上下物料、保持缆绳锚链放松等工作,以确保船舶相对静浮。这两点是水尺计重的前提,人身安全得不到有效保障,一切工作都失去意义;船舶没有处于相对静浮状态,计算水尺数据的第一手资料就失去了真实性。

师傅说的这两点虽然很浅显,没有什么深奥的理论,却极易被我们忽略,对个人安全和水尺计重工作具有重要意义。短短5分钟的课,我会铭记在心,并践行在我以后的水尺计重工作中。

1.4 原来这就是水尺计重

所谓"念念不忘,必有回响",师傅告诉我今天有委托检验的船舶靠港,带我一起去做首次水尺,让我做好准备。虽然和其他检验鉴定检验类型不同,但准备工作却有相似之处,大体包括了以下几个方面。

(1)材料:委托资料、标准规范、工作记录表格等。

(2)设备工具:相机、计算器、钢卷尺、量水尺、试水膏、密度计、港水取样器等。

(3)劳保护具:安全帽、安全鞋等。

经过一番准备后,我和同事于14:50抵达指定泊位,见到了船舶实体,船名"NAUTCAL ALCE"(图1-1)。

我将实际情况与培训资料中图文说明对比,从实践中复习理论知识。

图1-1 船舶 NAUTCAL ALCE

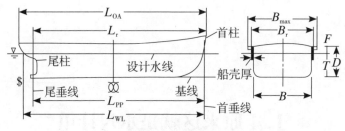

图 1-2 船舶主尺寸

登船后,首先向大副详细询问了船舶压载舱、淡水舱及燃油舱的分布情况,并对照船舶布置图查看。然后和大副商定分组观测水尺和测量压载水。我随一名同事和大副一组,乘坐小船进观测船舶六面吃水;另一名同事同船方木匠一起进行压载水测量和港水密度样采取。

图 1-3 水尺计量

水尺标志,绘制在船体艏舯艉部的左右两舷,共有六处,俗称六面水尺,用以衡量船舶吃水深度。水尺标志有公制和英制两种,分别用阿拉伯数字和罗马数字表示,公制水尺标志如图 1-4 所示。

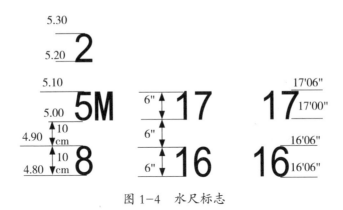

图 1-4 水尺标志

其中,公制标记用阿拉伯数字书写,字体高度及两字间垂直距离为10厘米,线条宽2厘米;英制标记一般用阿拉伯数字书写,也有用罗马数字书写的,字体高度及垂直距离均为6英寸,线条宽为1英寸。标准的标记设计便于水尺数据的观测和读取。读取数据时公制精确到厘米,英制精确到0.5英寸。

听同事讲,码头上风平浪静的时候很少,在遇到风浪不平时,需观测波浪峰谷及中间水位所示数值情况,合理估读水尺数值,并可适当延长观测时间,多次读数求平均值,以使读数尽可能准确。此外,记录读数时注意记准米数。

水尺观测完毕后,随同事登轮到大副办公室,查阅相关船舶图表,进行排水量计算。同事告诉我,在查看图表时要注意表载密度的值,以及分辨清楚排水量图表中的吃水值是型吃水还是实际吃水。

型吃水指船中处从龙骨上缘(基线)向上量起至夏季满载水线的垂直距离,也叫设计吃水;实际吃水指船舶某具体状态时的实际水线面到龙骨下缘的垂直距离;图表中两者之间会存在龙骨板厚度的差值。

看着同事们熟练地对吃水和压载水进行着计算修正,快速地查阅图表，迅速地获得各项结果，着实让人羡慕，想着自己这刚迈出的步子，感觉任重而道远。

不过今日的经历，让我对水尺计重、水尺观测及计算部分有了较为直观的了解和认识。同事称会在下次进行末次水尺检验时，带我学习水尺计重中重要的一环——压载水测量。

1.5 水尺专业用语

昨天从船上下来,听着师傅和大副说英文,而我好多都听不懂,不禁感叹自己的英语都白学了。正好今天在办公室没事做,从师傅处讨得秘籍两页——水尺专用英文,抓紧记录下来认真学习。

总长 LOA：Length Over All

垂线间长 LBP：Length Between Perpendiculars

船首垂线 FP：Fore Perpendicular

船尾垂线 AP：Aft Perpendicular

基线：Base Line

型宽 B：Moulded Breadth

型深 D：Moulded Depth

型吃水 d：Moulded Draft

实际吃水 T_K：Draught Below Keel / Draught Extreme

船舶常数：Constant

水尺标记：Draft Marks

载重线标记：Load Line Marks

甲板线：Deck Line

载重线标圈：Loading Mark

满载排水量 $\triangle_S$：Full Loaded Displacement

轻载排水量 $\triangle_L$：Light Displacement

总载重量 D_W：Dead Weight

空船重量：Lightship

船中：Midship

左舷：Port Side

右舷：Starboard

纵倾：Trim

横倾：Heel

艏倾：Trim by Stem

艉倾：Trim by Stern

船首水尺：Forward Draft Mark

船尾水尺：Aftward Draft Mark

艏尖舱：Fore Peak Tank

艉尖舱：Aft Bottom Tank

双层底舱：Double Bottom Tank

顶边舱：Top Side Tank

淡水舱：Fresh Water Tank

饮用水舱：Drinking Water Tank

日用水舱：Service Tank

锅炉水舱：Boiler Water Tank

燃油舱：Bunker

燃料油：Fuel Oil

柴油：Diesel Oil

润滑油：Lubricating Oil

隔离柜：Coferdam

机舱：Engine Room

污水舱：Bilge Tank

货舱：Cargo Tank

压载水舱：Ballast Tank

测量管：Sounding Pipe

空气管：Air Pipe

总布置图：General Arrangement

容积图：Capacity Plan

船艏、艉吃水修正表或修正曲线图 Stem & Stern：Correction Table or Curve

排水量表：Displacement Table

型排水量：Moulded Displacement

总排水量：Displacement

装船前：Before Loading/ Pre-shipment

装船时间：Time of Shipment

装船计划：Proposed Shipping Schedule

载货容积：Measurement Capacity

提单：Bill of Loading（B/L）

装货港：Loading Port

短重：Shortage in Weight /Short of Weight

实际到货总重量：Total Landed Weight

装载图：Stowage Plane

积载因数：Stowage Factor

鉴定：Survey

鉴定申请人：Applicant for Survey

积载鉴定：Stowage Survey

重量鉴定：Survey of Weight

水尺计重：Draft Survey

重量鉴定：Weight Survey

抽（查）衡（重）：Weight by Partial Checking

装载重量：Weight Loaded

重量码单（明细表）：Weight Memo

吨位：Tonnage

平均吃水：Mean Draught

总平均吃水：Mean of Mean（Draft）

中拱：hog

中垂：sag

平浮（吃水）：Even Keel

纵漂心：Longitudinal Centre of Floatation（L.C.F.）

龙骨板：Keel Plate

航海日志：Log Book

船名：Name of Vesse（M/V）

船籍：Nationality

船长：Captain/Master

大副：Cheif

水手：Sailor

水手长：Bosun

消耗量：Consumption

衡器过重：Weigh over Scale

皮带秤：Belt Scale

轨道衡，地磅：Weigh-Bridge

舱容：Capacity

签名：Signature

船章：Ship's Stamp

海水密度：Seawater Density

密度计：Densitometer

每厘米吃水吨数 TPC：Tons Per Centimeter

漂心距船中距离 LCF：Longitudinal Center of Floatation From Midship

厘米纵倾力矩 MTC：Moment to Change Trim One Centimeter

1.6 测量海水密度和压载舱

同事告知今天下午"NAUTCAL ALCE"船完货，预计16:30进行末次水尺检验，这次我亲自进行压载水测量，又要运用学习的新知识了，很是期待。

工作守时是一个好的、基本的习惯，同事们每次都会在约定时间之前赶到工作现场。我们16:10到达现场，发现货物已卸完，船舱内货物清舱工作也已完成。我和同事先登轮去测量压载水和海水密度。

登轮后，我们查看并与大副确定没有影响压载水测量的操作，告知大副先进行在港海水密度测量。大副随即安排船员"木匠"和我们一起进行相关测量工作。

同事告诉我，海水密度须在海侧船舯外舷吃水一半处用下端开口的港水取样器采取，并放置在附近平整背风处，用我方海水密度计测定其密度。在当密度计稳定时，眼睛要与其平行查看出读数。在使用船方工具测量时，一定要确认仪器的准确性和有效性，如检查相关检定证书，或者与我方仪器进行比对。

图1-5　海水密度计

密度计测量液体密度的原理是根据阿基米德原理和物体浮在液面上的条件设计制成的。设密度计的质量为 m，待测液体的密度为 ρ，当密度计浮在液面上时，由物体浮在液面上的条件可知：密度计受到液体的浮力等于它所受的重力，即

$$F_{浮}=mg$$

根据阿基米德原理，密度计所受的浮力等于它排开的液体所受的重力，有 $F_{浮}=\rho g V_{排}$，由上面两式可得 $\rho g V_{排}=mg$，即 $\rho=m/V_{排}$。

由公式可看出，待测液体的密度与密度计排开液体的体积成反比。液体的密度越大，密度计排开液体的体积就越小，不同密度的液体在密度计的玻璃管上的液面位置是不同的。若根据公式计算，预先在玻璃管标上刻度线及对应的数值，就很容易测量未知液体的密度了。密度计浸入液体中的深度越深，排开的体积越大，由于成反比，示数就越小，因此它的刻度从上往下读数越来越大，跟量筒的读数是相反的。

压载水测量时，首先通过船方有效图表，如舱容表等，确定各舱数量、位置，记录各舱舱高，以便测量时核对。同时，准备好测量用工具，量水尺、试水膏、绳尺等。测量用具需要用经计量检定。使用船方工具时，要查核相应检定证书。在没有证书的情况下，仍需使用船方工具时，须使用我方精度、准确性满足要求的工具进行比对，防止出现截短、弯曲、加长等现象。

测量时，应匀速下尺。当尺锤接近舱底时，应减慢放尺速度。当感觉尺锤触及舱底时，即可上拉；同时核对测量管深度，发现异常，及时查找原因。触底时，注意绳尺或钢卷尺不能弯曲，以免影响测深的准确性。若尺上水痕不清，应擦干并抹上白粉或试水膏再次观测。对每个舱应至少测

量两次。当两次测量结果大于2厘米时,应适当增加测量次数,最后取这些数据的算术平均值作为该舱的测量结果。测量时应认真细致,逐舱测深,并做好测深记录。

该船仅有13个舱,算是数量少的,同事称之前测量过30多个压载水舱的船舶。在量水过程中,关键是要细心,有耐心,规范操作,不能因为舱多而因求速忽视准确性和工作质量。

压载水测量完毕后,需要根据舱容表等进行纵倾修正、计算。

计算方法主要是采取内差的方法,在测量数据及纵倾大小正好与图表相吻合时,可以直接从图表中查得结果。但当与图表不吻合时,即需对结果进行内插法计算,以获得各舱压载水体积、重量。

同事给我一组数据让我练习计算(表1–1)。

表1–1 压载水体积测算

测深/厘米	压载水体积/米^3			
	纵倾-1米	纵倾0米	纵倾1米	纵倾2米
0	1.1	0.6	0.3	0.1
5	1.9	1.1	0.6	0.4
10	2.4	1.6	1.0	0.6

测量深度为7厘米,纵倾值为1.3米,计算压载水体积。

7在5~10之间,1.3在1~2之间,首先进行不同纵倾下计算7厘米深度对应的体积。

纵倾1米:(1.0–0.6)/(10–5)=0.08

7厘米对应体积:0.6+0.08×(7–5)=0.76(米^3)

纵倾 2 米对应体积：(0.6-0.4)/(10-5)=0.04（米³）

7 厘米对应体积：0.4+0.04×(7-5)=0.48（米³）

计算纵倾 1.3 米时，测量深度 7 厘米对应体积：(0.48-0.76)/(2-1)=-0.28（米³）

0.76+(1.3-1)× -0.28=0.676≈0.68（米³）

同事称，除了这种情况外，还有先修正测量深度，然后直接查对应压载水体积等多种舱容表类型。

1.7 吃水差原来是这么算出来的

今天上午,5区靠泊一条大豆船,我跟师傅去做首尺。到船上之后,师傅带我陪同大副观测了六面水尺,登轮后,又教我如何计算吃水差,还给我写了吃水差(trim)的概念。

$T = d_2 - d_1$,当 $T = 0$ 时,称为平吃水(Even keel);当 $T < 0$ 时,称为艏倾(Trim by head);当 $T > 0$ 时,称为艉倾(Trim by stern)。其中,T 为吃水差,d_1 为艏平均水尺,d_2 为艉平均水尺。

首先,分别算出艏平均水尺、舯平均水尺和艉平均水尺,再查阅 HYDROSTATIC TABLE 中的 DRAFT CORRECTION TABLE,可以分别查阅到垂线距 d_1、d_m、d_2,即艏垂线距船艏水尺 MARK 线的距离、舯垂线距船舯水尺 MARK 线的距离、艉垂线距船艉水尺 MARK 线的距离,然后按照公式 $\dfrac{T}{L_{BP} - (d_1 + d_2)} \cdot d_1 (d_2, d_m)$(注意此处的 T 需带正负号)计算得出纵倾修正值,再依据"前减后加"的原则,进行修正。如果 MARK 线在垂线前面,就用平均吃水减去修正值;如果 MARK 线在垂线后面,就用平均吃水加上修正值,这样就得出最终修正后的船舶艏吃水和艉吃水,再用艉吃水减去艏吃水,就得到修正后的吃水差。

1.8 另一种压载水表

今天晚上49区靠泊一条化肥船,提单数9150.0吨,这是第二港,上一港为广西防城港。我跟师傅去做首尺,到船上之后,师傅安排我测量压载水,我就和船上木匠一同测量。木匠性子慢、动作更慢,测量压载水用了接近两个小时。

压载水舱全部测量完毕后,就去 SHIP OFFICE 计算压载水,大副提供了 SOUNDING TABLE,师傅告知我吃水差是0.523米,可这次的计算和之前的不太一样,不是直接按照吃水差对应的体积直接查表得知,而是要先对测量值进行纵倾修正,再按照修正后的数值查表得出该舱体积,计算过程如表1-2所示。

表1-2 船舱体积测算

舱型 舱号	首次测量情况				
	吃水差	0.523 米		密度	1.024 千克/升
	实测水深 /米	实测管高 /米	校正值 /米	校正后水深 /米	容量/米³ 或重量/吨
FPT	11.52	19.87	−0.10	11.42	1 422.54
D.B.T.1p	6.45	20.58	−0.08	6.37	703.08

续表

舱型舱号	首次测量情况				
	吃水差	0.523 米		密度	1.024 千克/升
	实测水深/米	实测管高/米	校正值/米	校正后水深/米	容量/米³或重量/吨
s	7.59	20.58	−0.08	7.51	705.02
2p	5.93	20.41	−0.07	5.86	1 778.28
s	7.67	20.29	−0.07	7.60	1 780.43
3p	12.13	20.10	−0.07	12.06	1 215.80
s	11.6	20.06	−0.07	11.51	1 215.80
4p	8.21	20.37	−0.05	8.16	1 125.89
s	16.24	20.62	−0.05	16.19	1 239.04
TST5P	0.05	5.77	−0.05	0.00	0.00
S	0.05	5.77	−0.05	0.00	0.00
APT	0.37	13.62	+0.03	0.40	0.41
0	0	0.00	0	0	0.00
0	0	0.00	0	0	0.00
合计	——				11 186.29

合计	压载水/吨	11 186.3
	淡水/吨	185.6
	燃油/吨	1 771.2

1.9 竟然算错了

在压载水存量很少的时候,为了方便计算,我们可以查底量表。

所谓底量表,其实就是对压载水舱容表的局部放大,总的压载水舱容表可能是液高间隔 10 厘米列一个数据,而底量表一般是间隔 1 厘米。

船舶在量纵倾时,要格外注意压载水量不到水的情况。今天,我量完压载水开始计算,压载水 5 舱左右量不到水,但舱容表上显示,在液高为 0 时,压载水量为 25.2 米^3,我想也没想就给计算上了。

师傅在计算完排水量时,和货主提供的过磅数少几十吨。我们就开始从头开始计算,查找原因,几遍下来也没发现错误。这时,师傅问我压载水量的计算情况,我向他说明 5 舱量的是没有水但查表显示有二十多吨水,我就给计算上了。大副这时说,这个舱在上个航次洗舱了,里面是空的。

这样算来,5 舱左右共计多算了 50 多吨水,也就是说货物少算了五十多吨。事后,师傅对我说,出现这种情况,先要和船方确认压载水舱是否正常使用,不能盲目地"照本宣科",否则会出现类似错误。这也给我上了一课(后续在总结中,会详细说明压载水测量为 0 的计算方法)。

1.10 大副的小算盘

今天上午48区靠泊一条铜精矿船，我跟师傅去做首尺。到船上之后，师傅教我如何测量压载水。按师傅要求，测量前，我核对了量水尺是否与检定合格证一致，还检查了量水尺是否存在弯曲、截短、加长等现象。检查无误后，我们开始测量。师傅告诉我，在测量时要注意两点：一是在量水尺尺带相应部位均匀涂以试水膏或粉笔；二是下尺速度应匀速，当量水尺尺锤接近舱底时应减慢下尺速度，轻轻触底，触底后应立即提尺，这样测得的数据才准确。师傅教我测量完首尖舱和一舱后就和大副下去看吃水，我和木匠继续测量。

测量完毕后，我回 Ship office 计算压载水，计算完毕后交给师傅检查复核，师傅首先翻看了 Sounding table，发现还有两个雨水收集柜没有测量。又经测量后，两个雨水收集柜有268吨水。当时就想，幸亏师傅发现了，不然差太多了。

吃一堑长一智，以后量水可需要留意，首先问询大副，总共有多少压载水舱，是否有雨水收集柜，是否有其他压载舱或者暗舱。如有暗舱，是否变动；如无变动，应加以铅封，保持首末两次水尺不变。再就是根据 Sounding table 核对，看 Sounding table 中的所有舱是否都有测量过，这就是收获。

1.11 出海兜兜风

可以出海喽！今天上午跟着师傅乘坐小艇去锚地做水尺，这也是我生平第一次乘船出海。船舶满载从美国进口的大豆，因为潮汐和船舶吃水因素，要先在锚地做水尺。于我们而言，相当于"豁免"了半夜起来工作的辛苦。我怀着无比激动的心情，坐着小船，漂漂荡荡地去锚地了。

可没想到，外面风浪大，晃得我晕船。等靠近大豆船时，又因风浪太大，爬绳梯时都有些害怕。现在想想，当时还是挺危险的，如果风浪再大就不适合做水尺了。

师傅带着我一同看水尺，和平时在港内看水尺差别很大。港内风浪一般在20厘米以内，易读，可在锚地，但至少有半米的吃水差，根本不敢确定读数是否准确。这时候，师傅教我，他说根据经验，在较大波浪情况下，若直接取波峰波谷平均值作为吃水观测值计算，将导致计算得到的排水量数据偏大于实际值，偏离大小正比于波浪的高低。读取水尺的有效方法为用波峰波谷取平均值以确定水尺的大概位置后，在此基础上确定水尺平稳的吃水瞬时值为观测值。鉴定人员应在充足的光线下观测水尺，视线与水面的角度应尽可能小，与水尺标示所在曲线面尽可能垂直。尽量在船舶处于自然漂浮状态下开展水尺计重工作。

1.12 船舶水尺标线分段的情况

部分船舶的水尺刻度并不是一条自上而下的线，有时我们会发现船舯的刻度到一定的米数时分成两条线。或者是，船艉我们首次水尺时看到的刻度线完全读不到数字，必须看艉柱上的刻度。我们在做船舶纵倾修正时，首末次船舶水尺不在同一位置时，我们如何修正呢？今天我终于找到答案了。

图 1-6 水尺标线

今天阳光灿烂,我跟师傅来到岸边做水尺工作。当我们读到船舯刻度时,我发现船舯有两条刻度:一条较长的刻度只达到了 9.2 米,另一条刻度是从 9 米到最大吃水 10 米,而且两条刻度之间存在距离。

当我们读完刻度来到船上时,我问师傅,这种情况我们如何纵倾修正?师傅拿来船舶上的修正图纸给我看,两条刻度线在图纸上都有体现。师傅说,由此图来看,2.2～9.2 米的载重线与舯垂线重合。也就是说如果我们按照这条载重线读取船舶吃水时,船舯载重线与舯垂线间距离 d_m 值为 0,船舯不需要修正;如果船舶吃水超过 9 米,我们按照另一条载重线读取船舶吃水时,船舯载重线与舯垂线间距离 d_m 值为 0.6 米,就需要对纵倾进行修正。

师傅说完后我明白了,当我们在读取船舶吃水时,如果遇到船舯或船艉有两条载重线时,要注意每条载重线的刻度范围,并按照读取水尺数的载重线进行垂线间纵倾修正。

1.13 漂心距的确定

经过一段时间的理论学习加实践练习,我的水尺业务水平有了质的提高。今天在办公室整理近期资料,也重新温习了如何准确快速地查找和计算漂心及漂心在不同吃水所处的位置。

漂心距(英文缩写 LCF 或 XF)是指船舶水面面积的中心与船舶舯部的距离,是水尺计重纵倾修正中的关键数据。在纵倾修正中,漂心距是带正负号计算的。我国《进出口商品重量鉴定规程 第2部分:水尺计重》(SN/T 3023—2012)将吃水差定义为后吃水减前吃水,漂心距的正负定义为船舯前为负,船舯后为正。

然而,在用装手册查表及使用公式的过程中,由于世界各国对吃水差和漂心的正负号定义不同,在套用公式时,有的静水力表上漂心在船舯后为负值,在船舯前为正值。这样很容易混淆,稍有马虎就会导致计算结果的错误。因此,正确判断漂心位置,确定正负号,对纵倾校正计算至关重要。

我们在实践中得出这样一个结论:随着船舶吃水的增加,漂心位置逐渐由船舯前向船舯后移动,当船舶满载即水线达到夏季载重水线时,漂心肯定位于船的舯后方。这是由于夏季满载水线与艏艉柱的交点之间的距

离即为垂线间长度 L_{BP}，其中点就是舯部，为了减少阻力，此时的水面肯定设计为前尖后宽的形状，漂心总是偏向船体端部比较宽的一端，并且在这个水面线上，艉垂线的外侧还有一块面积产生力矩。因此，漂心肯定在船舯后方。

在我们实际应用中，有经验的前辈总结了一套比较快速判断漂心位置的方法：在静水力表中，如果随着吃水的增加，LCF 绝对值逐渐减小，那么漂心即在船舯前，为负；反之，如果随着吃水的增加，LCF 绝对值逐渐增加，那么漂心即在船舯后，为正。这个方法对绝大部分船舶是适用的，得到广泛的认可。但也有少数例外的时候，如漂心在船舯前，但在某一段吃水深度中，其绝对值随着吃水的增加而增加，或者有增有减。这时，我们要找到漂心接近船舯时的吃水，然后看整体趋势，在船舶空载到 LCF 接近为零时的吃水深度之间，漂心在船舯前；反之，在船舯后。

另一种比较准确的方法是从静水力曲线图中找到 LCF 曲线，从坐标系中可以找到各个吃水深度对应的漂心为船舯的距离关系。这个方法可以确保万无一失，但是比较烦琐，而且从曲线图中查到的是型吃水而不是实际吃水对应的 LCF 值。

需要注意的是，有的船舶静水力表上只有漂心距艉垂线的距离，也就是 L_{CA}。这时要求得漂心距船舯的距离需要一步计算，即 $L_{CA}=\dfrac{L_{BP}}{2}-L_{CB}$。若计算得 L_{CA} 为正，则漂心在船舯后；反之，在船舯前。

1.14 终于要学习算排水量了

今日,我与师傅一同来到船边,将船舶的六面水尺读数完毕后,师傅让我计算排水量,下面是我的计算步骤。

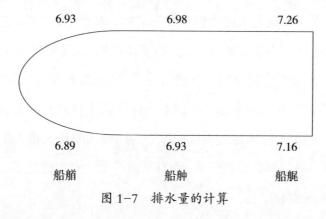

图 1-7 排水量的计算

我们分别算出船艏、船舯、船艉左右两边的平均值(保留三位小数)。

船艏为 6.910,船舯为 6.955,船艉为 7.210。

吃水差为船艉平均值 – 船艏平均值(7.210-6.910=0.300),则吃水差为 0.300。

(船舯平均值 ×6 + 船艏平均 + 船艉平均)/8

(6.955×6+6.910+7.210)/8=6.981

查看船舶排水量表如表 1-3 所示。

表 1-3 船舱排水量测算

T_k / 米	DISPLACEMENT	TPC/（公吨 / 厘米）	LCF/ 米
6.90	34 812.0	36.6	0.32
7.00	35 432.0	37.8	0.35

我们先看 6.981 距离哪个数值最近，就按照哪个去计算，这里距离 7 米最近。

平均水尺与表格的差距需要乘以 100，因为 TPC 为厘米单位，水尺读数为米单位，我们需要转化一下。

TPC 的意思为吃水每变化 1 厘米，排水量变化多少公吨。

再用 7 米时的排水量减这部分，算出来的就是 6.981 时的排水量：

$35\,432 - (7 - 6.981) \times 100 \times 37.8 = 35\,360.18$。

当我算到排水量时，发现与师傅算的数存在差异，自己复查发现并没有问题。正在纳闷时，师傅一眼看出我的问题所在。他告诉我，这条船舶排水量表格上体现了船舶龙骨板厚度，但表格内的数据全都不包括龙骨板厚度（只有型吃水），我们算出平均水尺后，还需要减掉龙骨板的厚度，之后才可以查看相应的排水量。

说到这里，我终于明白自己出错的地方，以后上船时要注意看排水量表上刻度是不是只有型吃水时的排水量。

1.15 第一次算出排水量

今天刚上班,师傅教我算排水量的修正,修正需要进行两次,师傅开始教我,L_{BP} 为 120.0,吃水差为 1.50,平均吃水为 6.98 米,6.98 米的排水量为 35 360.18 吨,如表 1-4 所示。

表 1-4 船舶排水量测算

T_k/米	DISPLACEMENT	TPC/(公吨/厘米)	LCF/米
6.90	34812.0	36.6	0.32
7.00	35432.0	37.8	0.35

6.5 米时的 MTC(MTC2)值为 543,7.4 米时的 MTC(MTC1)值为 572。

(1)第一步修正(纵倾修正)。

①首先我们先判断飘心的位置(LCF)。

当艉倾时 LCF 在垂线前,则为"负";艉倾时 LCF 在垂线后,则为"正"。

当艏倾斜时 LCF 在垂线前,则为"正";艏倾时 LCF 在垂线后,则为"负"。

此次计算为艉倾则判断此次为负,然后我们套入公式(100× 吃水差 ×TPC×LCF)/L_{BP} 得

(100×1.5×36.6×0.32)/120 = 14.64(公吨)

②首先我们求出 D_m/D_z 值：MTC1−MTC2（572−543）=29

然后套入公式（50× 吃水差 × 吃水差 ×D_m/D_z）/L_{BP} 得

（50×1.5×1.5×29）/120=27.29（公吨）

到这步我们第一次修正结束，我们将排水量值修正完毕，35 360.18−14.64+27.29=35 372.83

保留一位小数位为 35 372.8。

（2）第二步修正（港水密度修正）。

我们查看船舶排水量表格，可以看到排水量是以多少密度换算的，大多数情况是 1.025 0。然后确认港水密度：我们查看的港水密度值为 1.020 0。

确认好表载密度与港水密度后，我们套入公式（纵倾修正后排水量/表载密度）× 港水密度得

（35 372.8/1.0250）×1.020 0=35 200.2（保留 1 位小数）

这就是两次修正最终的排水量。

我按照师傅所授的方法最终计算完了此船的排水量，真的非常有成就感。

1.16 完整的第一次

今天，又一条货船需要做卸货末次水尺，我跟师傅来到船上，计算完末次的排水量跟压载水。师傅教我如何计算最终卸货重量。

首次排水量为 33 383.9 吨（A）；

首次货物燃油为 473.7 吨，首次压载水为 1 772.6 吨，首次淡水为 237.0 吨；

末次排水量为 15 656.2 吨（B）；

末次燃油为 469.3 吨，末次压载水为 4 830.3 吨，末次淡水为 224.0 吨；

然后我们计算出物料总和。

首次物料总和为 2 483.3 吨（a）；

末次物料总和为 5 523.6 吨（b）；

货物计算公式 $(A-a)-(B-b)$ 得

（33 832.9−2 483.3）−（15 656.2−5 523.6）=20 767 吨

即货物最终卸货量为 20767 吨。

如果是装货的话，公式有所变化：

$(B-b)-(A-a)$

装货与卸货不同在于，装货的首次水尺计算的是船舶常数，卸货的末次水尺计算的是船舶常数。

师傅看我不是很理解,继续跟我解释公式的问题。

卸货的船我们首次计算的排水量减物料总和,计算出来的是船舶常数,船舶常数的意思是船舶上除了货物、物料总和及空船重量的值。同样,装货的船我们末次也是如此计算的船舶常数。

说到这里,我恍然大悟,原来货物重量是这样算出来的。

1.17 船舶常数

今天去码头做一条卸货大豆船的末次水尺，需要计算出船舶常数确定卸货重量。教材上写明船舶常数的核算方法是将卸后计算出轻载排水量减去空船重量，再减去淡水、压载水、燃油及其他货物重量，即为船舶常数。

本来以为这不是一件难事，但是师傅登轮之前就把我拉到一边告诉我说："这条船是首次航行，以前从没有做过船舶常数，大副报的常数也是出船厂的数据，没有确切地计算过。你要打起十二分精神好好测量计算。"一听到这些话我立马紧张起来，我还是第一次做水尺遇见首航这种情况，心里期望着一切顺利吧，然而却是怕什么来什么……

登轮之后，我和师傅两人经过了水尺观测、密度测量、压载水测量、淡水测量等工作后，计算得出船舶常数为736吨，货物短重超过千分之五，而这个数字和大副共同鉴定计算的结果全部相同，在场的鉴定人员和大副都觉得常数有点偏大，是不是刚才的观测和计算有疏漏之处呢，我们又和大副一起对所有观测数据和计算做了复核，没有发现任何错误。由于本次计算常数船舶的吃水差在2.0米左右，大副又觉得是吃水差稍微有点大，建议调整船舶压载水，减少吃水差至1.0米以内，重新计算船舶常数。

本着实事求是、公正鉴定的原则,我们同意了大副的请求。经过4个小时的压载水调整,吃水差0.9米时候我们开始了水尺鉴定。又经历了2个小时的测量计算,我们最终做出了723吨的常数,确认无误后,大副也签字认可了这个船舶常数。

通过这次水尺常数的测算,我明白了不能轻信船舶出厂常数,要实事求是,独立鉴定,做出结论,并可以与船方提供的沿用常数进行核对。如相差较大,应进一步查核各项测算数据。经查核无任何差错,则以计算出的常数为准。

1.18 货舱也打满压载水了

今天心里美滋滋的,因为我"get"新技能了。上午登轮鉴定碰到一个大"麻烦",然而师傅三言两语就把困难给解决掉了。当时我的崇拜之情"有如滔滔江水,连绵不绝;又有如黄河泛滥,一发不可收拾"。

事情是这样的:我们在做一条卸完货空载船舶的末次水尺时,大副为了控制吃水差方便航行,把4号货舱泵入了压载水,但大副和我却都找不到该舱的测量点,因为测量点不同,吃水差修正量也会不同。当时我就犯了难,货舱每厘米的误差都会有五六吨之多,这可马虎不得。难道还能让大副把货舱压载水排掉重新测量吗?这可是会大大地耽误航行时间啊!我找到师傅说明了情况,他直接告诉我,在货舱前后左右中间的位置各选取一个测量点分别测出测深值,然后取平均值,这就是相当于货舱中间点的测深,直接根据此测深值查表对应吃水差为0、横倾值为0的体积就可以。我恍然大悟,大副也欣然同意这种测算方法,因为这种方法大大节省了航行时间。最终我们顺利完成了这次水尺计重工作。

1.19 另一种压载水表

今天遇见了一种罕见的压载水表,先查表计算出对应测深的体积,再查找对应吃水差的体积修正值,最后求和得出最终结果。

以船舶吃水差为 2.5 米、艏尖舱测深 $d=1.02$ 米为例,计算过程如下。

先计算出吃水差为 0 米、测深为 1.02 米时的体积:

V_1=2/5×(111.9–104.9)+104.9=107.7(米^3)

再计算出吃水差为 2.5 米、测深为 1.02 米时修正值:

V_2=2/5×(2.7–2.8)–2.7=–2.74(米^3)

最后得出体积:

$V=V_1+V_2$=107.7–2.74=104.96(米^3)

1.20 压载管结冰了

北风呼呼地吹，作为港口城市，今天最低气温竟然创纪录地达到了 -9 摄氏度。坐在温暖的办公室里，我一边录证书，一边祈祷今天不要有船。哎，可惜天不从人愿，穿上厚厚的防寒服，我和师傅来到了船上做一条船的首次水尺。

这次我负责量压载水，站在一览无余的甲板上，享受着迎面吹来的北风，这感觉……量到 No.2 DB&TST P 压载舱时，木匠把量水尺刷的一放就到了底，拿上来一看，没水。幸亏我有按规矩记录总舱高的好习惯，把 2 舱左的总舱高和右边对比了一下，少了 2.3 米。这一定有问题。我回办公室查看了一下压载水表，左右两边的总舱高应该是一样的，便连忙请教师傅。师傅说："今天太冷了，应该是压载水结冰了。"于是，我忙指挥船员们拿来两壶滚烫的开水从压载管倒了下去，幸亏压载管结冰应该不算太厚，很快冰层就化开了，我也继续开始我的工作。但是心里一直有一个疑问，据说俄罗斯、加拿大有的港口冬天气温持续零下十几摄氏度，在他们的港口要是压载水冰层冻得很厚，拿热水浇不开怎么办呢？想想只能是拿冰层最上面作为水面，用总舱高减去测得的空距来算出水深了。

1.21 是可忍孰不可忍

今天下午，港上靠了一条船，我和师傅登轮去做水尺计重。一上船，师傅就跟我说，我们这次是受收货人的委托，如果货短重了，那么和船上承运人的立场是对立的，做的时候一定要仔细一些。

这次我负责量水。按照习惯，我还是从船艏开始量起。水手工作效率很低，师傅都看完水尺算完排水量了，我这边才量了3个舱。急得我只能自己上手，可我又不是专业的，速度还是提不上去。终于，在耗费了近1.5小时后，才量完全船12个压载舱。

回到甲板办公室，按照大副提供的船舶常数来推算，6万多吨的货物应该多了近200吨。我想，应该算是完成水尺计重可以开仓卸货了。这时，师傅让我下去把船靠岸一侧的水尺再去看一下。我下船一看，船尾水尺竟然比师傅看的数少了两米多。本来船是艉倾的，现在变成艏倾了。我连忙上船把情况说明。师傅说重做一遍，重新读水尺，再换个水手量水，大副照做。这个水手工作效率较高，我们半个多小时就把压载水量完了。回来一计算，货物应该短了300多吨，大副认可这个结果。

回去的路上，师傅告诉我说，一般水手量水不应该这么慢，所以他就感觉可能有问题。可能是大副指示他拖延时间，在看完水尺以后把尾部的舱的水排掉。这样量不出尾部舱的压载水，货就多了。大副应该是早就知道短货了，所以采用这种办法想蒙混过去。多亏被我们发现了，不然收货人就只能吃哑巴亏。

1.22 水尺总结

回到公司,我把这些天来学习的水尺计重知识重新回顾一下,包括登轮必备的船舶资料、流程、特殊情况的处理都整理了一下,现在把部分资料分享给大家。

1.22.1 常用图表

1.22.1.1 船体主尺度

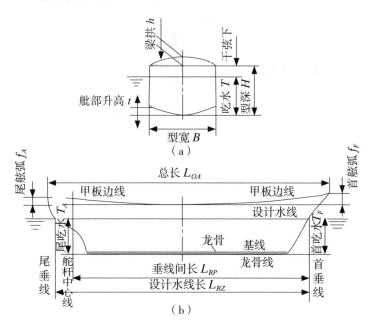

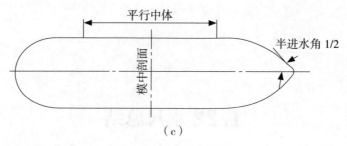

图 1-8 船体主尺寸

1.22.1.2 载重线标志

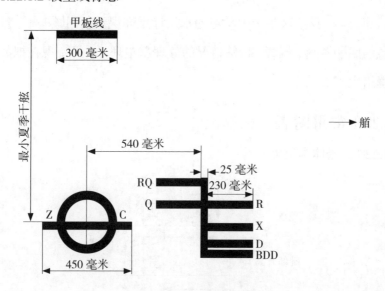

图 1-9 载重线标志

1.22.1.3 船舶规范

```
                      PARTICULARS OF THIS SHIP
(GENERAL)
    Name of ship          : MISHIMA
    Builder               : IMABARI SHIPBUILDING CO., LTD
                            MARUGAME HEADQUARTERS
    Builder's hull No.    : S - 1362
    Keel laid             : Nov.  6, 2001
    Launching             : Mar. 14, 2002
    Delivery              : May 13, 2002
    Kind of ship          : Bulk Carrier
    Navigation area       : Ocean going
    Classification        : NIPPON KAIJI KYOKAI (NK)
      Classification      : NS*(BULK CARRIER, STRENGTHENED FOR HEAVY
      Characters              CARGOES, Nos. 2, 4 & 6 CARGO HOLDS
                              MAY BE EMPTY), (ESP) and MNS*
      Installation
      Characters          : CHG, MPP, LSA, RCF, MO
    Equipment number      : 3505 (J2)
    Nationality           : PANAMANIAN
    Port of registry      : PANAMA
    Official number       : 30371-TJ-1
    Signal letters        : HOEQ
(DIMENTION)
    Length  (overall)  ------------------------------- 224.94 m
    Length  (between perpendiculars) ----------------- 217.00 m
    Breadth (moulded)  ------------------------------- 32.26 m
    Depth   (moulded)  ------------------------------- 19.50 m
    Gross tonnage (I.T.C.M. 69) ---------------------- 39,736
    Net tonnage   (I.T.C.M. 69) ---------------------- 25,724
    Full load draught (extreme) ---------------------- 14.139 m
    Full load displacement --------------------------- 86,824 M.T.
    Light ship weight -------------------------------- 10,226 M.T.
    Deadweight --------------------------------------- 76,598 M.T.
```

图 1-10 船舶规范

1.22.1.4 总布置图

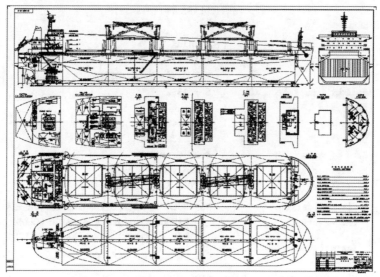

图 1-11　总布置图

1.22.1.5 容积图

Capacities of tanks

Heavy oil fuel tanks Specific gravity 0.944	100%		98%	
	cubic metres	metric tons	cubic metres	metric tons
Db. tk. no. 3 sb.+ps.	328.0	310	321.4	304
Db. tk. no. 4 wg. sb.+ps.	220.6	208	216.2	204
Db. tk. no. 4 ctr. sb.+ps.	222.6	210	218.1	206
Db. tk. no. 5 wg. sb.+ps.	165.0	156	161.7	153
Db. tk. no. 5 ctr. sb.+ps.	222.2	210	217.8	206
Db. tk. no. 6 sb.+ps.	296.2	280	290.3	274
F.o. deep tk. sb.	202.3	181	198.2	187
F.o. deep tk. ps.	320.7	303	314.3	297
F.o. service tk.	91.0	86	89.2	84
Total	2068.6	1954	2027.2	1815

Diesel oil tanks Specific gravity 0.834	100%		98%	
	cubic metres	metric tons	cubic metres	metric tons
Db. tk. no. 1	321.6	268	315.2	263
Db. tk. no. 7	38.1	32	37.3	31
Tunnel wing tk. sb.	109.3	91	107.1	89
Tunnel wing tk. ps.	79.2	66	77.6	65
D.o. service tk.	19.0	16	18.6	16
Total	567.2	473	555.8	464

Veg. oil tanks Specific gravity 0.906	100%		98%	
	cubic metres	metric tons	cubic metres	metric tons
Deep tk. "ONE"	220,1	199	215,7	195
Deep tks. "TWO"+"THREE"	302,0	274	296,0	269
Total	522,1	473	511,7	464

Fresh water tanks	cubic metres	metric tons
Fw. tk. forward	117,0	117
Fw. tk. sb.	29,0	29
Fw. tk. ps.	26,7	27
After peak	80,3	80
Total	253,0	253

图 1-12 容积图

1.22.1.6 舱容表 / 测深表

```
               NO.3 D.B.T.           (P,S)

            MAX.VOL.  275.3 MM#3           W. BALLAST
  SOUND.                        TRIM ( M )
  HEIGHT   0.00  0.50  1.00  1.50  2.00  2.50  3.00  3.50  4.00
  ( M )                    VOLUME ( MM#3 )

  0.00     0.0   0.0   0.0   0.0   0.0   0.0   0.0   0.0   0.0
  0.05     0.9   0.0   0.0   0.0   0.0   0.0   0.0   0.0   0.0
  0.10     4.0   1.9   0.8   0.5   0.5   0.4   0.3   0.2   0.2
  0.15     8.6   5.1   3.5   2.4   1.7   1.2   0.9   0.6   0.3
  0.20    14.0  10.4   7.5   5.3   3.7   2.7   1.7   1.4   0.8
  0.25    19.3  15.9  12.5   9.3   6.6   5.0   3.9   3.0   2.1
  0.30    24.8  21.7  18.0  14.1  10.5   8.2   6.5   5.2   4.0
  0.35    30.3  27.0  23.1  19.3  15.5  12.5  10.1   8.2   6.7
  0.40    35.8  32.1  28.3  24.6  21.0  17.6  14.5  11.9  10.0
  0.45    41.1  37.3  33.6  30.0  26.5  22.9  19.6  16.5  13.9
  0.50    46.5  42.7  39.0  35.5  32.0  28.5  25.0  21.6  18.3
  0.55    52.0  48.2  44.5  40.8  37.3  33.9  30.5  26.9  23.0
  0.60    57.5  53.8  50.0  46.2  42.5  39.3  36.0  32.3  28.0
  0.65    63.1  59.5  55.6  51.7  48.0  44.8  41.5  37.8  33.2
  0.70    68.8  65.2  61.4  57.4  53.6  50.3  47.0  43.2  38.7
  0.75    74.5  71.0  67.2  63.2  59.2  55.9  52.5  48.7  44.3
  0.80    80.3  76.8  73.0  69.0  65.0  61.5  58.5  54.2  50.0
  0.85    86.1  82.6  78.8  74.7  70.7  67.2  63.7  59.9  55.6
  0.90    92.0  88.5  84.5  80.5  76.5  73.0  69.4  65.6  61.3
  0.95    98.3  94.3  90.3  86.3  82.3  78.6  75.2  71.4  67.3
```

图 1-13 舱容表 / 测深表

1.22.1.7 静水力表

```
< HYDROSTATIC TABLE >
+------------------------------------------------------------------
| DRAFT |  DISP.   DISP.(N)  TPC    MTC      MB      MF     TKM
|  (M)  |  (KT)    (KT)     (KT)   (KT-M)   (M)     (M)     (M)
+------------------------------------------------------------------
|  9,50 |  35,342  35,221   40,2   437    -4,49   -0,24   11,00
|  9,51 |  35,382  35,261   40,2   438    -4,48   -0,23   11,00
|  9,52 |  35,422  35,301   40,2   438    -4,48   -0,21   11,00
|  9,53 |  35,463  35,341   40,2   438    -4,47   -0,20   11,00
|  9,54 |  35,503  35,382   40,2   438    -4,47   -0,19   11,00
|  9,55 |  35,543  35,422   40,2   439    -4,46   -0,17   11,00
|  9,56 |  35,583  35,462   40,2   439    -4,46   -0,16   11,00
|  9,57 |  35,624  35,502   40,2   439    -4,45   -0,14   11,00
|  9,58 |  35,664  35,542   40,2   439    -4,45   -0,13   11,00
|  9,59 |  35,704  35,583   40,3   440    -4,44   -0,11   11,00
|
|  9,60 |  35,745  35,623   40,3   440    -4,44   -0,10   11,00
|  9,61 |  35,785  35,663   40,3   440    -4,43   -0,08   11,00
|  9,62 |  35,825  35,703   40,3   441    -4,43   -0,07   11,00
|  9,63 |  35,866  35,744   40,3   441    -4,42   -0,05   11,00
|  9,64 |  35,906  35,784   40,3   441    -4,42   -0,04   11,00
|  9,65 |  35,946  35,824   40,3   441    -4,41   -0,03   11,00
|  9,66 |  35,987  35,865   40,3   442    -4,41   -0,01   11,00
|  9,67 |  36,027  35,905   40,3   442    -4,40    0,00   11,00
|  9,68 |  36,068  35,945   40,3   442    -4,40    0,02   11,00
|  9,69 |  36,108  35,986   40,3   443    -4,39    0,03   11,00
```

图 1-14 静水力表

1.22.1.8 配载图

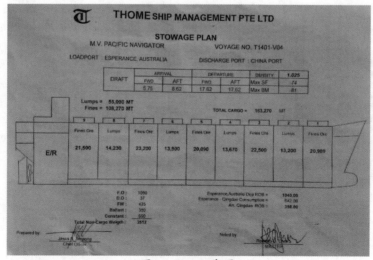

图 1-15 配载图

1.22.2 具体特殊问题的处理

1.22.2.1 船舯水线面附近水尺标记被挡

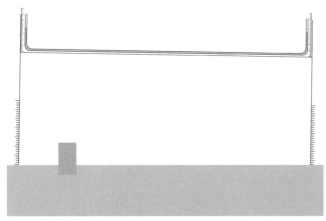

图1-16 舯坡面图

图1-17 一舷侧面图

1.22.2.2 货舱压水

（1）货舱易变形，导致舱容表失真。

（2）货舱容积大，测量点一般只有一个。

（3）货舱无液位测量管，也不标注液位测量点及其基准点位置。

1.22.2.3 测量管堵塞

按与其对称分布舱的总高度推算出相应的液位。

1.22.2.4 呆存水

向内压水至可准确测量出液位为止。

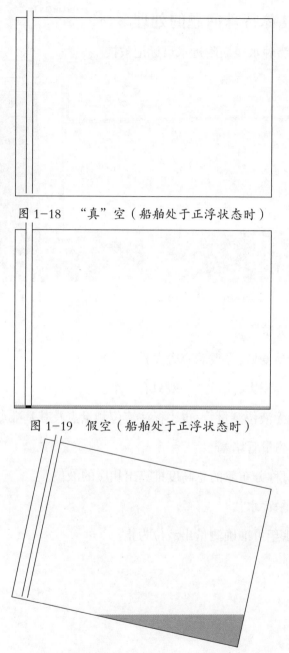

图 1-18 "真"空（船舶处于正浮状态时）

图 1-19 假空（船舶处于正浮状态时）

图 1-20 假空（船舶处于较大纵倾状态时，测深为零）

1.22.2.5 假满

将舱内水排出至液位低于管口为止。

图 1-21 假满（船舶处于较大纵倾状态时，管口向外喷水）

1.22.2.6 横倾度数的计算

$$\angle ACB = \tan^{-1}\left(\frac{AB}{AC}\right) = \tan^{-1}(船中左右吃水差 / 型宽)$$

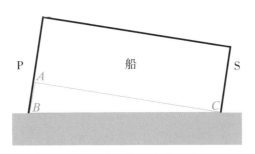

图 1-23 横倾度数计算示意图

1.22.2.7 常数异常

因修理、船体附着海洋生物、舱内残余货物、船上留存杂物、污油/污水、配载生活用品等改变了船舶的重量。

除查表计算错误外，通常是压载水测量不准确、干隔舱有水没量到或吃水读错。

1.22.2.8 压载水无纵倾修正图表时的修正

只要利用相似三角形的性质：对应边成比例，并假设船舱为一长方体，且无横倾。

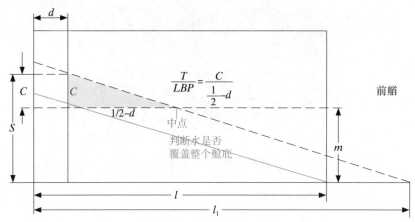

图 1-23　$l_1 \geq$ 舱长 l 时水深纵倾校正示意图

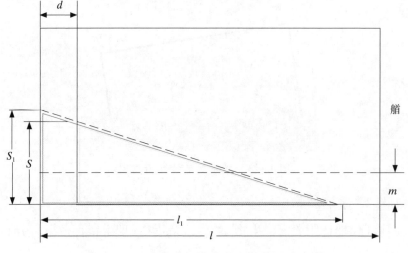

图 1-24　$l_1 <$ 舱长 l 时水深纵倾校正示意图

1.22.3 案例展示

1.22.3.1 所需图表及相应数据

(1) 船舶规范如图 1-25 所示。

```
(GENERAL)
    Name of ship            : MISHIMA
    Builder                 : IMABARI SHIPBUILDING CO., LTD
                              MARUGAME HEADQUARTERS
    Builder's hull No.      : S - 1362
    Keel laid               : Nov. 6, 2001
    Launching               : Mar. 14, 2002
    Delivery                : May 13, 2002
    Kind of ship            : Bulk Carrier
    Navigation area         : Ocean going
    Classification          : NIPPON KAIJI KYOKAI (NK)
       Classification       : NS*(BULK CARRIER, STRENGTHENED FOR HEAVY
       Characters             CARGOES, Nos. 2, 4 & 6 CARGO HOLDS
                              MAY BE EMPTY), (ESP) and MNS*
       Installation         : CHG, MPP, LSA, RCF, MO
       Characters
    Equipment number        : 3505 (J2)
    Nationality             : PANAMANIAN
    Port of registry        : PANAMA
    Official number         : 30371-TJ-1
    Signal letters          : HOEQ
(DIMENTION)
    Length  (overall)  ------------------------------  224.94 m
    Length  (between perpendiculars)  ---------------  217.00 m
    Breadth (moulded)  ------------------------------   32.26 m
    Depth   (moulded)  ------------------------------   19.50 m
    Gross tonnage  (I. T. C. M. 69)  ----------------   33,736
    Net tonnage    (I. T. C. M. 69)  ----------------   25,724
    Full load draught (extreme)  --------------------   14.139 m
    Full load displacement  -------------------------   86,824 M.T.
    Light ship weight  ------------------------------   10,226 M.T.
    Deadweight  -------------------------------------   76,598 M.T.
```

图 1-25 船舶规范

（2）艏舯艉吃水校正。

①吃水校正曲线图如图1-26所示。

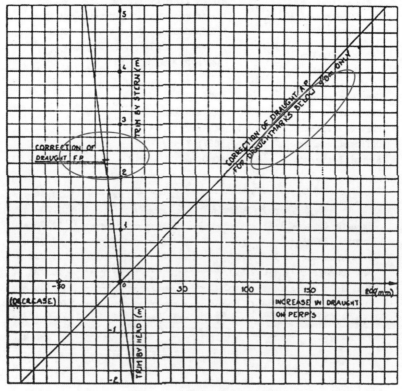

图1-26 吃水校正曲线图

②吃水校正值表如图 1-27 所示。

APPARENT TRIM (m)		\multicolumn{10}{c}{TRIM BY THE STERN (m)}
		0	0.1	0.2	0.3	0.4	0.5	0.6	0.7	0.8	0.9
0.0	FORE	0	-2	-4	-6	-8	-10	-12	-14	-16	-18
	AFT	0	6	11	17	22	28	33	39	45	50
1.0	FORE	-20	-21	-23	-25	-27	-29	-31	-33	-35	-37
	AFT	56	61	67	72	78	84	89	95	101	106
2.0	FORE	-39	-41	-43	-45	-47	-49	-51	-53	-55	-57
	AFT	111	117	123	128	134	139	145	150	156	162
3.0	FORE	-59	-61	-63	-64	-66	-68	-70	-72	-74	-76
	AFT	167	173	178	184	189	195	201	206	212	217
4.0	FORE	-78	-80	-82	-84	-86	-88	-90	-92	-94	-96
	AFT	223	228	234	240	245	251	256	262	267	273
5.0	FORE	-98	-100	-102	-104	-106	-107	-109	-111	-113	-115
	AFT	279	284	290	295	301	306	312	318	323	329

图 1-27 吃水校正曲线表样例

③水尺标志与相应垂线间距离图如图 1-28 所示。

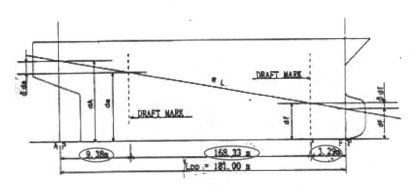

图 1-28 水尺标志与相应垂线间距离图

(3) 排水量及其校正。

①静水力曲线图如图 1-29 所示。

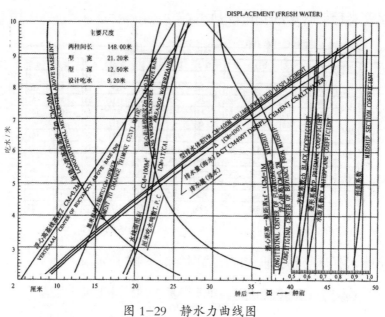

图 1-29 静水力曲线图

②排水量/载重量表尺如图 1-30 所示。

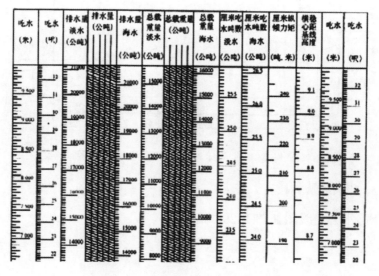

图 1-30 排水量/载重量表尺

③静水力表如图 1-31 所示.

HYDROSTATICS

1 DRAUGHT EXTREME... m :	3.514	3.614	3.714
2 DRAUGHT RFP...... m :	3.500	3.600	3.700
3 DISPL TOTAL SW.... t :	3754.0	3873.9	3994.2
4 DISPL TOTAL FW.... t :	3662.4	3779.4	3896.8
5 DISPL MLD...... m^3 :	3643.4	3760.2	3877.3
15 MCT SW...... t*m/cm :	65.48	65.99	66.50
17 TPM SW......... t/cm :	11.967	12.000	12.033

（两者相差 14 毫米）

如果有关数据前带有"-"号,一般在注释中标示有其含义。

图 1-31 静水力图

< HYDROSTATIC TABLE >

DRAFT (M)	DISP. (KT)	DISP.(N) (KT)	TPC (KT)	MTC (KT-M)	MB (M)	BF (M)	TKM (M)
9.50	35,342	35,221	40.2	438	-4.49	-0.24	11.00
9.51	35,382	35,261	40.2	438	-4.48	-0.23	11.00
9.52	35,422	35,301	40.2	438	-4.48	-0.21	11.00
9.53	35,463	35,341	40.2	438	-4.47	-0.20	11.00
9.54	35,503	35,382	40.2	438	-4.47	-0.19	11.00
9.55	35,543	35,422	40.2	439	-4.46	-0.17	11.00
9.56	35,583	35,462	40.2	439	-4.46	-0.16	11.00
9.57	35,624	35,502	40.2	439	-4.45	-0.14	11.00
9.58	35,664	35,542	40.2	439	-4.45	-0.13	11.00
9.59	35,704	35,583	40.3	440	-4.44	-0.11	11.00
9.60	35,745	35,623	40.3	440	-4.44	-0.10	11.00
9.61	35,785	35,663	40.3	440	-4.43	-0.08	11.00
9.62	35,825	35,703	40.3	441	-4.43	-0.07	11.00
9.63	35,866	35,744	40.3	441	-4.42	-0.05	11.00
9.64	35,906	35,784	40.3	441	-4.42	-0.04	11.00
9.65	35,946	35,824	40.3	441	-4.41	-0.03	11.00
9.66	35,987	35,865	40.3	442	-4.41	-0.01	11.00
9.67	36,027	35,905	40.3	442	-4.40	0.00	11.00
9.68	36,068	35,945	40.3	442	-4.40	0.02	11.00
9.69	36,108	35,986	40.3	443	-4.39	0.03	11.00

（型排水量）

注：对应的两列排水量中数值相对较大的那个为最大排水量。

若只列明型吃水,应将拱陷修正后吃水(D/M)值减去龙骨厚度后再查表。

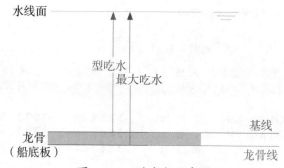

图 1-32　型吃水示意图

（4）水、油舱计算如图 1-33 所示。

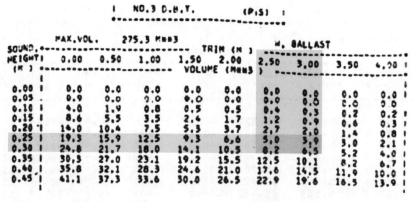

图 1-33　水、油舱计算示意

（二）计算

（1）计算过程详解如表 1-5 所示。

表 1-5　横倾校正

	水尺标志离垂线/船中距离 d/米	P/米	S/米	横倾校正（左右算术平均 PS）/米
F	FP 后 1.00	2.73	2.70	2.715
M	⌽ 后 1.00	4.80	4.51	4.655
A	AP 前 6.10	6.72	6.69	6.705

① 进行横倾校正。

② 计算吃水差。

艉平均吃水 — 艏平均吃水：

$T = A_{ps} - F_{ps} = 6.705 - 2.715 = 3.990$

③ 纵倾校正：

$F_C = M_C = \dfrac{3.990}{170.00 - 1.00 - 6.10} \times 1.00 = 0.024$

（—）

$A_C = \dfrac{T}{L_{PP} - d_F - d_A} \times d_A = \dfrac{3.990}{170.00 - 1.00 - 6.10} \times 1.00 = 0.024$

（＋）

$F_m = F_{ps} - F_c = 2.715 - 0.024 = 2.691$

$M_m = M_{ps} - M_c = 4.655 - 0.024 = 4.631$

$A_m = A_{ps} - A_c = 6.705 + 0.149 = 6.854$

④ 拱陷校正：

$D/M = \dfrac{F_m + A_m + 6 M_m}{8} = \dfrac{2.691 + 6.854 + 6 \times 4.631}{8} = 4.666$

⑤ 计算校正后吃水差：

$Tc = Am - Fm = 6.854 - 2.691 = 4.163$

⑥ 计算排水量：

A. 根据拱陷校正后平均吃水 D/M，在排水量表（静水力表）上查算相应排水量。如：$D/M = \underline{9.564}$ 米 ⇨ Disp.= $\underline{35\,583} + \underline{40.2} \times 0.4$（吨）

```
         < HYDROSTATIC TABLE >
| DRAFT |  DISP.  | DISP.(N) | TPC  |  MTC  |  MB   |  MF   |
|  (M)  |  (KT)   |   (KT)   | (KT) | (KT-M)|  (M)  |  (M)  |
|  9.50 | 35,342  |  35,221  | 40.2 |  437  | -4.49 | -0.24 |
|  9.51 | 35,382  |  35,261  | 40.2 |  438  | -4.48 | -0.23 |
|  9.52 | 35,422  |  35,301  | 40.2 |  438  | -4.48 | -0.21 |
|  9.53 | 35,463  |  35,341  | 40.2 |  438  | -4.47 | -0.20 |
|  9.54 | 35,503  |  35,381  | 40.2 |  438  | -4.47 | -0.19 |
|  9.55 | 35,543  |  35,422  | 40.2 |  439  | -4.46 | -0.17 |
|  9.56 | 35,583  |  35,462  | 40.2 |  439  | -4.46 | -0.16 |
|  9.57 | 35,624  |  35,502  | 40.2 |  439  | -4.45 | -0.14 |
|  9.58 | 35,664  |  35,542  | 40.2 |  439  | -4.45 | -0.13 |
|  9.59 | 35,704  |  35,583  | 40.3 |  440  | -4.44 | -0.11 |
```
（D/M）

图 1-34 流体静力表样例

B. 排水量纵倾校正。

应用根本氏公式校正的方法：

公制：$100 \cdot \dfrac{T_c}{L_{BP}} \cdot T_{PC} \cdot \text{LCF} + 50 \cdot \dfrac{T_c^2}{L_{BP}} \cdot \dfrac{dM}{dZ}$

式中，T_c——校正后吃水差，米；

LCF——D/M 处漂心距舯距离，米。

```
         < HYDROSTATIC TABLE >
| DRAFT |  DISP.  | DISP.(N) | TPC  |  MTC  |  MB   |  MF   |
|  (M)  |  (KT)   |   (KT)   | (KT) | (KT-M)|  (M)  |  (M)  |
|  9.50 | 35,342  |  35,221  | 40.2 |  437  | -4.49 | -0.24 |
|  9.51 | 35,382  |  35,261  | 40.2 |  438  | -4.48 | -0.23 |
|  9.52 | 35,422  |  35,301  | 40.2 |  438  | -4.48 | -0.21 |
|  9.53 | 35,463  |  35,341  | 40.2 |  438  | -4.47 | -0.20 |
|  9.54 | 35,503  |  35,381  | 40.2 |  438  | -4.47 | -0.19 |
|  9.55 | 35,543  |  35,422  | 40.2 |  439  | -4.46 | -0.17 |
|  9.56 | 35,583  |  35,462  | 40.2 |  439  | -4.46 | -0.16 |
|  9.57 | 35,624  |  35,502  | 40.2 |  439  | -4.45 | -0.14 |
|  9.58 | 35,664  |  35,542  | 40.2 |  439  | -4.45 | -0.13 |
|  9.59 | 35,704  |  35,583  | 40.3 |  440  | -4.44 | -0.11 |
```

如：D/M = 9.564 米 ⇨ LCF = -0.15 米

图 1-35 流体静力表样例

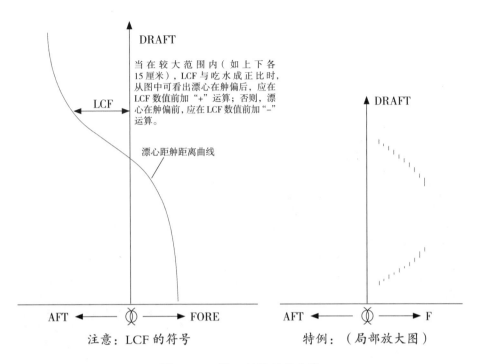

图 1-36 漂心距舯距离曲线

T_{PC}——D/M 相应处的每厘米吃水吨,吨/厘米;

$\dfrac{dM}{dZ}$——D/M 处纵倾力矩变化率,吨/厘米。

可按 D/M 值增减 50 厘米(或 6 英寸),分别从排水量表或静水力表上查得两个相应的每厘米(英寸)纵倾力矩 MTC(MTI),求其差数的绝对值即得纵倾力矩变化量

$$\dfrac{dM}{dZ} = D/M + 50 \text{ 厘米 处的 MTC} - D/M - 50 \text{ 厘米处的 MTC}$$

例:$D/M = 9.564$ 毫米 ⇨ $\dfrac{dM}{dZ} = 10.064$ 米处的 MTC $-$ 9.064 米处的 MTC

⑦进行排水量的港水密度校正 = 纵倾校正后排水量 × 实测港水密

度÷表载密度

⑧核算船舶常数。空载时的实际排水量与空船、水油及其他货物的重量之差。

⑨计算货物重量。

图1-37 青岛检验认证有限公司工作人员正在进行船舶内舷水尺观测

英制排水量纵倾校正公式：

$$Z = \frac{T_c' \times LCF' \times TPI}{LBP'} + \frac{T_c'^2 \times \dfrac{dM}{dZ}}{2 \times LBP'}$$

式中，Z—— 排水量纵倾校正值，长吨；

T_c'—— 艏艉纵倾校正后吃水差，英寸；

LCF' —— 拱陷校正后平均吃水处漂心距舯距离,英寸;

T_{PI} —— 拱陷校正后平均吃水相应处的每英寸吃水长吨,长吨/英寸;

$\dfrac{\mathrm{d}M}{\mathrm{d}Z}$ —— 拱陷校正后平均吃水处纵倾力矩变化率,长吨/英寸;

L_{BP}' —— 艏艉垂线间距离,英寸。

2 残损鉴定、司法鉴定

残损鉴定是指对商品的变质、混杂、污染、残破、毁坏、灭失、短量等情况，查明事实真相，确定致损原因和损失程度，出具相应证书的工作。残损鉴定的基本程序包括申报和受理、现场验货、确定残损数量、确定残损率、确定贬值率（估损率）、签发鉴定证书。

在残损鉴定工作中，由于商品受损情况错综复杂，环节多，涉及很多国际公约、规则、惯例。因此，残损鉴定人员必须拥有高度的责任心，坚持公正态度，坚持实事求是。在具体工作中，通过深入细致的调查研究，运用各种科学方法和大量资料，进行综合分析和逻辑推理，做到情况描述全面清楚，致损原因明确恰当，估损贬值公平合理。

残损鉴定是鉴定业务的一项主要工作。《中华人民共和国进出口商品检验法》第十二条规定："本法规定必须经商检机构检验的进口商品的收货人或者其代理人，应当在商检机构规定的地点和期限内，接受商检机构对进口商品的检验。商检机构应当在国家商检部门统一规定的期限内检验完毕，并出具检验证单。"第十三条规定："本法规定必须经商检机构检验的进口商品以外的进口商品的收货人，发现进口商品质量不合格或者残损短缺，需要由商检机构出证索赔的，应当向商检机构申请检验出证。"《中华人民共和国进出口商品检验法实施条例》第九条规定："出入境检验检疫机构对进出口商品实施检验的内容，包括是否符合安全、卫生、健康、环境保护、防止欺诈等要求及相关的品质、数量、重量等项目。"第十八条规定:"法定检验的进口商品应当在收货人报检时申报的目的地检验。大宗散装商品、易腐烂变质商品、可用作原料的固体废物以及已发生残损、短缺的商品,应当在卸货口岸检验。"

由于残损鉴定证书可作为申请人向有关方提出索赔、退货、补货或换货、理赔的依据,所以残损鉴定工作对维护有关方面的合法权益,保障人民健康和生产安全,促进对外贸易、运输和保险事业的发展是十分重要的。

残损鉴定的方法包括以下几种。

(1)逐件鉴定和抽查、抽样鉴定。由于商品遭受残损情况不同,所以对残损商品的鉴定,原则上应采取逐件鉴定的方法。尤其是杂货,内容不一,残损程度各异,没有规律性,必须采取逐件鉴定,才能得出真实的准确结果。但对大宗商品,残损性质相同或外表残损情况基本相似,而逐件鉴定时间不允许,场地不具备,可以采取分类抽取代表性样品进行鉴定的方法,以此结果推算全批。这个方法既有一定的准确性和科学性,又解决了客观上存在的人力、物力、时间上的困难。在确定分类和抽查时,分类必须根据残损情况结合化验测试和使用价值考虑,既不能分得太多太细,又不能不加区别任意划分,要分得科学、合理,抽查的货件或抽取的样品必须严格要求具有代表性,才能使结果的准确性得到可靠的保证。原装重量短少比较有规律性的可以抽查鉴定;但重量漏失的只能逐件鉴定;数量短少不能抽样鉴定;残破损坏也只能逐件鉴定。

(2)理化分析。对残损商品,常常通过化验其主要成分或测试其物理机械性能来确定其含量和性能的降低,从而确定其残损贬值程度。对以主要成分含量作为贸易计价依据的商品,更应采用这一方法,如化肥的含氮量、原糖的旋光度等。通过化验残货与正常货物的成分并进行对比,可以了解残损程度并结合商销贬值确定估损率。再如棉、麻等纤维产品通过拉力测试，可以明确其残损程度对使用的影响，从而确定其估损、贬值率。化验、测试方法有时还可应用于致损原因的判断。例如，通过对氯离子含量的化验，可以区别是遭受海水渍损还是淡水渍损，等等。

（3）测量和衡重。对残损商品受损部分的长度、面积或体积进行测量，通过与完好商品的长度、面积、体积进行对比，求出其残损率。衡重方法则是衡取受损部分的重量与原件重量作对比，求出其残损率。但它必须在受损部分与完好部分可以分别衡重的条件下，才能适用。测量和衡重方法有时在判断原装短少的致损时也需采用。

（4）感观对比和价格对比。有些商品凭感观确定等级，通过对残损商品的感观和完好商品的不同等级的感观进行对比，从而确定等级降低程度，并且通过等级降低的差价来确定估损贬值率。价格对比方法还可作为改作不同用途的残损商品确定估损贬值率的依据。在进行价格对比时必须使用同一价格标准，如不能用批发价与零售价作对比，也不能以调拨价与销售价作对比，更不能用国外价与国内价作对比。在采用国外价格作对比时，还必须考虑市场价格变化复杂的影响，不能反映质量优劣的价格不能用来作为对比的媒介。

进口商品的收货人或者其他贸易关系人可以自行向检验检疫机构申请残损检验鉴定，也可以委托经检验检疫机构注册登记的代理报检企业办理申请手续。需由检验检疫机构实施残损检验鉴定的进口商品，申请人应当在检验检疫机构规定的地点和期限内办理残损检验申请手续，按不同工作项目分别掌握。

对舱口检视、载损鉴定、监视卸载等工作，应在船舶开舱卸货前申请，以便鉴定人员及时登轮了解和检查现状，明确航途中致损的原因，得出正确的结论；海损鉴定一般应在货物卸货前申请，便于及时查勘，区分不同致损原因;对卸货时发现包装或外表残损商品申请验残,应在船方签残后或最迟在提货发运前申请鉴定;需要登轮了解受损情况,确定受损范围和判定致损原因的,应在卸货前申请验残;对易腐、易变、易扩大损失的残损商品,应在发现残损时立即申请;对需申请到货地检验检疫机构鉴定的损商品,应在索赔有效期届满20日前申请鉴定;对集装箱货物的拆箱鉴定,应在开箱前申请办理。强调验残的申请必须提前,一方面可以进行现场鉴定,发现致损原因,不能待情况改变,证据消失,造成致损原因判断困难;另一方面因为办理残损鉴定要做大量工作,必须有一定时间,同时还必须在发出证书后,给予有关方面办理提赔的一定时间,因为索赔必须在有效期内提出,方始有效。索赔有效期是根据有关契约明确规定的。但是时限的长短并不完全一致,由双方协商决定并在合同中证明。如果没有明确规定从何时开始起算,按照国际上一般惯例,均系从全船货物卸毕日期开始起算,但也有在合同中规定为到港日期起算的。按提单签发日期起6个月的,看来时间较长,但实际上包括了航运时间、待泊时间和卸货时间。所以必须事先查明索赔有效期的规定,防止因延误索赔而蒙受损失。对承运人的索赔期,根据提单条款的诉讼时效来理解,其索赔期,一般规定为1年;海牙规则和布鲁塞尔1986年修改的海牙规则均规定为1年;我国中远公司提单条款也规定为1年;汉堡规则规定为2年。索赔期的起算一般均自卸毕日期起算。

对保险公司的索赔期,根据中国人民保险公司海洋运输货物保险条款,规定责任起讫期限采用"仓至仓"条款(Warehouse to Warehouse Clause),即当被保险货物卸离目的港海轮后满60天,虽未进入目的地收货人仓库,但保险责任也告终止。换句话说,在卸岸后60天以内发生的,属于保险险别责任范围内的事故,保险公司仍予以负责。索赔期限在保险单上还规定索赔时效为一年。提出索赔不一定要提齐全部赔偿单据，可以先提出，后补单据。在索赔有效期内向发货人、轮船公司、保险公司等各方面一经提出索赔后，就不受时效限制的约束。因为索赔已经开始，以后就是交涉的过程，不受时限约束。所以，在索赔有效期内估计来不及完成有关鉴定工作和签发证书的，可由申请人联系契约关系人，向对方先提出索赔要求或延长索赔期。必要时，鉴定人也可先签发初步鉴定证书，然后再进一步签发补充证书。

残损鉴定的地点涉及有关责任方的责任终止地点问题。有关责任方所承担的责任，不但有时间的限制，也有地点的限制。离开规定地点，就无法由其继续承担责任。因为即使在索赔有效期时限内，如果使受损商品继续运输移动，势必使商品的残损继续发展，损失继续扩大，所以，如果鉴定地点不符合规定或惯例要求，容易遭到拒赔。

责任终止地点一般应视为合同规定的到货地点。合同规定的到货地点除了成套设备等外，均以卸货口岸为多。对承运人来说，除了集装箱运输有的实行"门到门"（Door to Door）以外，均以卸岸为止。对保险公司来说，保险单规定责任起讫为"仓至仓"条款，也是指目的地收货人仓库。既然贸易合同规定的目的地多为口岸，那么，目的地收货人仓库当然也指的是口岸当地的仓库。不过，保险加批加保转运内陆，延长保险责任终止地点的，就按加批加保的目的地办理。属于下列情况的，可向到货地检验检疫机构申请鉴定出证：①保险责任范围内的已加批加保延长保险责任终止地点的残损商品；②包装外表完整，有隐蔽缺陷，口岸未发现的内装货物的残短；③只要求证明残损商品现状的；④对外贸易合同规定，在到货地开箱验收的箱内残、短商品。

残损商品必须在口岸申请残损鉴定，这是一个原则。但在接受申请以后，有些特殊情况不能在口岸而必须在用货地才能完成鉴定任务的，可以要求口岸检验检疫机构办理异地鉴定手续，由其委托内地检验检疫机构共同完成鉴定任务。这些特殊情况包括以下几种。①国家法令规定必须迅速远离口岸的，如危险品、港口疏运等。有法令规定的可不受贸易合同的约束。②打开包装检验后难以恢复原状或难以装卸运输的。③需在安装调试或使用中确定其致损原因、损失程度、损失数量和损失价值的；或商品包装和商品外表无明显残损，需在安装调试或使用中进一步检验的。④港口没有足够的场地供鉴定，必须运往内地鉴定的，或港口没有加工设施，需要迅速运往内地专业厂加工，防止损失扩大的，等等。上述特殊情况在国际惯例上，允许远离口岸执行鉴定，但必须注意在不使残损扩大的条件下，或采取一定的措施后方可进行。例如，对残破包装的修整，以及必要时在鉴定人的监督指导或押运下进行转移。

对好货、残货未能分别卸货，或者对容易扩大残损，又未能及时采取相应措施而导致残损扩大的商品，口岸检验检疫机构将不办理易地鉴定。

检验检疫机构在实施残损检验鉴定过程中，收货人或者其他贸易关系人应当采取有效措施保证现场条件和状况，符合检验技术规范、标准的要求。检验检疫机构未依法作出处理意见之前，任何单位和个人不得擅自处理。如果现场条件和状况不符合本办法规定或检验技术标准、规范要求，检验检疫机构可以暂停检验鉴定，责成收货人或者其他贸易关系人及时采取有效措施，确保检验顺利进行。

涉及人身财产安全、卫生、健康、环境保护的残损的进口商品申请残损检验鉴定后，申请人和有关各方应当按检验检疫机构的要求，分卸分放、封存保管和妥善处置。对涉及人身财产安全、卫生、健康、环境保护等项目不合格的发生残损的进口商品，检验检疫机构责令退货或者销毁的，收货人或者其他贸易关系人应当按照规定向海关办理退运手续，或者实施销毁，并将处理情况报作出决定的检验检疫机构。

2.1 第一次

上午10点,突然接到委托,前湾港有船载硫黄污染,急需现场残损鉴定。虽然这是我们传统的鉴定业务,但部门里几位老师傅都出差了,恰巧之前我跟着师傅有过几次实战经验且业务能力得到大家认可,只好由我这个"初出茅庐"的小后生仓促上阵,赶赴现场了。

登轮后发现,舱内货物颜色略微变深,肉眼勉强能看出,且卸载出的变色货物表面用手一抹就露出鲜亮原色。对于硫黄这种不怕水湿的货物,经常会被露天堆放,表面有些灰尘也是正常现象。我把想法和货主解释了一下,同时告诉他如果按正常程序应该取样送实验室化验,这需要停止卸货,等船东保函。从目前情况看,这样做不仅会造成时间上的延误,还会产生较高额外的费用,得不偿失。

这时船东保赔协会P&I代表和保险公司代表也都赶来。各方在大副房间开始讨论解决方案,保险公司代表口若悬河,建议货主取样化验、逼船方签字、收集航海日志信息等一系列程序;货主则在旁边频频附和,争取着自己的利益。

在人际交往中,有些时候我们自己认为是为了对方着想,很直白地把想法说出来,但对方并不一定理解。正如刚才我站在委托方的角度表明了我的观点，却没被认可；而保险公司代表的侃侃而谈却收效不错。其实我的工作应该是做保险公司代表所说的那一整套流程，哪怕最后在我们的一番努力下，得出的结论和我之前说的完全一致，客户也付出了时间和金钱成本，但至少让他们感觉他们的利益在我们的努力下得到了保障，这或许就是残损鉴定工作的说话艺术吧。

2.2 第二次

周五下午,接近下班点了,接到客户复合肥残损鉴定的委托。

雨后天晴,本想过个惬意的周末,看来又要"泡汤"了。这就是我们工作的性质,时间很不固定,就算大年三十有委托,也需要放下筷子,奔赴"战场"。

接到委托,丝毫不敢怠慢,赶紧翻看一下之前的档案。汲取上次失败的教训,理顺工作思路:①登轮后收集信息;②取样化验;③分析致损原因并定损;④出具残损鉴定证书。

能提前做到的恐怕就是这些了。对于残损鉴定的印象,除了刚刚翻看的十几份证书和之前的那次不成功的经验,恐怕就是几年前一位领导在酒桌上的侃侃而谈。之前的积累及实战经验不知都溜到哪里去了,就像高考前夕一样,脑袋一片空白。

有位领导曾说过:残损鉴定是最要求综合能力的一项鉴定业务。如果能干好残损鉴定,其他鉴定业务都不在话下。而干好,要做到的关键两个字就是"协调",通俗讲就是,让各方都能够接受。当时此话是作为对公司老一辈的实干家郑老师的恭维话,恐怕大多数人听完就忘记了。该领导几乎没有从事过任何的传统鉴定业务,比如水尺计重、残损鉴定等,但是我始终相信,作为领导,必有过人之处,即使没有实践经验,必有归纳总结的能力。

更何况,明天要带我一起上船鉴定的是专家级的郑老师,有什么可担心的呢?

2.3 登轮

登轮后,和郑老师一起查看了3号舱内货物情况,看到明晃晃的一摊水出现在货舱最中央的位置,周围全都是几米深的复合肥。

给我的第一感觉是:钱在融化。

跟随郑老师仔细查看了舱盖的情况,并没有发现漏水的迹象。不一会儿,P&I、保险公司的代表也陆续到来。简单寒暄后,一起到大副房间座谈。

讨论时仍感觉自己准备不足,幸亏有师傅带,忙乱中收集了相关信息,查看了船舱内货物状态、各方签字,初步制定后续卸货及取样方案等工作内容,以上工作都是在被动中完成,并没有清晰的思路。

隐约感觉到,各方签字确认出现货损情况以及初步制定卸货及取样方案是工作的重中之重,会对后续产生深刻影响。

2.4 复习

由于P&I方面需要上报船东进行确认,港上停卸,今日无事。

翻看照片,回忆昨天工作内容,分析各项工作的作用是什么,思考各方各说各话的艺术,准备第二天工作。

大副办公室的各方讨论会给我留下的印象是很深刻的。各方都是常"混"青岛港的人,就算不认识,脸上也都写着"面熟"两个字。由于各方立场鲜明,针锋相对还是难免的,这时候说话的艺术就显现了。我一贯把大家都当成明月,不管明月照向何方。但是尤其在这种矛盾对立的情况下,和盘托出就意味着打牌时先把自己底牌亮出,然后,等对方做决定。这样做被动是难免的。

2.5 初见律师

船东确认，各方闻风而动，大副房间集合，今天的任务是在律师见证下，签订之前制定的卸货及取样方案以及商定最终定损计重方式。

见面照例寒暄，然后是无尽的等待。接近饭点，双方律师闪亮登场，成为船东方和货主方各自掌握话语权的核心人物。

律师都惜字如金，签字的过程很快。内容如下。

（1）受损货物总量以实际残损货物落地后衡重为准。

（2）残损货物损失程度以各方联合取样化验评估为准。

（3）卸货完毕后，各方联合检验调查事故原因。

第一次在律师注视下签字，着实有点忐忑。

2.6 卸货过程

卸货开始,根据之前确定的共同检验模式,商讨卸货过程中共同取样。取样过程可谓各方的博弈过程,毕竟取样的好坏意味着货损值的多少,是白花花的银子。

P&I、保险公司、我方,各自代表不同利益,为了使各方代表的利益最大化,大家都在取样上下足了功夫。

说实话,从开始到现在,有很多环节都是被推动着进行的,自己并没有完全理解。就比如一直挂在大家嘴边的"由港方负责将好坏货分开卸载并堆放",我一直是怀疑的:他们有什么好办法能把干湿混杂的货物分别卸载出来呢?

今天终于有了答案,其实也没什么特别,表面层可以确认是干货的,就是"好货",其余的都是"坏货"。而我们的取样工作就是为了检验所谓的"坏货"到底坏到什么程度。

看着一抓斗一抓斗的货物卸载出来,我心里又有了疑问,"坏货"里"好货"掺了不少,会不会影响最终检验结果呢?

2.7 边卸货边取样

"坏货"直接被堆放在船边的码头空地上,已经堆成两座圆锥形小山,沾了水的复合肥像泥浆一样淌得满地都是。各方初步达成一致,按照国标,从底部"泥浆"开始,绕圈布点,一直向上取到顶部,每小时取一次。

如此进行,半日无事。下午的时候,港方突然来了货车,要把两座山移走到旁边的仓库堆放,取样计划被打乱了。本来取样的过程就是各方斤斤计较,面对突然被打乱的计划,各方临时决定,取样暂停。卸货完毕后各方共同到仓库取样,共同认可样品有效性,白纸黑字,各方签字确认。

进行到这里,心里有了底,后续无论出现何种状况,各方达成一致并签字后再继续进行,否则就暂停。这样一来,由于整个过程是一致进行的,最终结果当然会尽最大可能减少争议。

2.8 保险公司代表的复杂心态

　　时间一天天过去，参与各方也慢慢熟络起来，起初以为保险公司会站在对立方，毕竟要赔偿被保险人。但实际情况是，这次的保险公司代表一直坚定地站在收货人的立场上，取样的时候经常会主动跟 P&I 吵得面红耳赤。我心里偷偷怀疑过，这家伙是不是算错账了？今天忍不住直接地问了保险公司代表，得到的回答是"保险人当然要维护被保险人的利益，更何况保险公司需根据最终各方认可的定损向船东先索赔然后钱到手后才赔给收货人"。

　　也许可以这样理解，保险公司像一个"中立的"利益方，或根据受委托的公司与各方复杂关系影响，一般偏向国内收货人，因国内收货人一般为被保险人。

2.9 P&I代表的情况

P&I代表我以前就认识,青岛港涉及残损的船上大多都会有他的身影,以前见面,经常是他做残损、我和师傅做水尺。

他在残损鉴定领域的经验大致相当于我师傅在水尺计重方面。这次接触后,对他的印象是不错的,至少在维护船东利益方面尽职尽责。当然我们这边自有保险公司代表跟他抗衡。俩人吵架就像洪七公跟欧阳锋的巅峰对决一样,观战的人若是有心,能学到不少知识。

一次闲聊的机会,P&I代表无意暴露了他们的致命弱点——没有国内检验鉴定的资质,只有保险公估资质。当然这也是同行业大多数公司都存在的一个短板。在这方面,我们还是有绝对优势的。

2.10 卸载完毕，致损原因显露

终于卸完货了！

到目前为止，整个鉴定过程还算比较顺利，我也慢慢理清了思路：①船方确认出现货损；②取样检测确认损失程度；③找出致损原因，证明责任归属；④量化损失。

而从开始卸货至此，致损原因一直未确定。

卸完货已经18点多了，眼看能见度一直在下降，但是责任心和好奇心驱使我们跟着船员一起下到舱底，看是否能找到致损原因。在舱底，先是大副发现了水迹，然后循着水迹摸至干隔舱壁人孔。难道水是从这里来的？

大家都很疑惑。这时大副让木匠把干隔舱人孔打开，发现舱底仍有水，水面几乎就在人孔下缘处。后来船方也请了专业验船师对船舶做了局部"体检"。报告是这么描述的：因经3、4货舱间的干隔舱内压载水管系法兰处漏水，且该舱人孔密封不严致使水流至货舱内。至此，大家也都松了一口气。

事后和大副聊天得知，船上压载水管系出现滴漏的情况时有发生。一方面是因为船舶震动会使螺丝松动；另一方面打压载水时管系内会产生一定的压力,稍有松动就会漏水。但与之前不同的是,这次的普通滴漏造成了较大的经济损失,真是"千里之堤,溃于蚁穴"。

2.11 漫长的签字

现场检验各方基本达成一致并落实到书面,剩下的就是船方确认了。就在大家都以为终于可以结束几日辛劳工作的时候,船长却搅局,拒绝签字。

各方各种请示,请示律师,请示领导。船长开始说P&I签字他们才签,后来又反悔。反反复复,大家也就这样在船上耗着,没有任何进展。

夜渐深,大家也都急了。劝说船长无效后,P&I、保险公司、船检、我方的代表在检验单上签字,书面说明船长无理拒绝的情况,各自回家。

2.12 干隔舱进水对水尺计重的影响分析

赘述一下干隔舱进水。所谓干隔舱（Cofferdam），就是在舱与舱之间的空心间隔。设计上干隔舱是密闭的，部分舱内有压载水的测量管或管系通过。这次就是因为压载水管系破裂，压载水流出并在干隔舱内积聚，适逢人孔密闭不严，渗漏至货舱内导致的货损。

整个干隔舱的高度基本相当于货舱的高度，其中保存几十甚至几百吨水都不是难事。况且，干隔舱除了坞修检查，很少有人打开，再加上有的船舶管理不规范，船员不测量水位，"僵尸水"一直待在里面。

其实，这个案例也为我们的水尺计重工作敲响了警钟。例如，船舶装货前需要做船舶常数，这时如果干隔舱里有水却没量到，做出来的常数会比船舶常用常数大很多。当找不到误差原因的时候，可以根据船舶布置图逐个检查那些平时不存水的船舱。之前也听师傅讲过，有个别大副在明知货物短缺的情况下，为了顺利交货，会在靠泊前往空舱里加水。一旦鉴定人员没有发现，在卸货过程中再偷偷排掉。这样导致水尺数和过磅数有较大差异，造成货物严重短缺。

2.13 一波三折的化验

辛苦的取样、制成份样、送实验室检验，各项操作和流程都很规范。但最终检验结果显示，从理化指标上看，氮、磷、钾含量几乎完全合格，导致取样部分的工作成了无用功，最终没有在证书上体现。这相当于耗时最长、争论最多的取样工作白忙了。

其实，这也是各种残损鉴定过程中经常会遇到的现象，实验室指标并不能反映货物的损失，但是货物损失是客观存在的。正如这次的货损导致化肥融化或者结块，虽然理化指标达标，但经济效益会大打折扣，这就给最终定损造成了困难。

2.14 漫长的交涉过程

化肥在码头卸载和转运时，会产生较高的仓储费、灌包机械费及吨袋费用。尤其吨袋费用，有些是需船东方确认同意才能买的。

在正常情况下，这些费用是不需要申报或者申请的。发生货损后，尤其在由船东方承担主要责任时，就会发生像这次情况一样的推诿和扯皮，毕竟谁都不愿意从自己的腰包里多拿一分钱。这次由P&I负责将产生的费用上报和转达，期间也是历经多次反复，每次都是漫长的等待，这也为后续货物处理埋下隐患。

2.15 货物处理

遇货损事件时，若责任方认为自己可以更好地处置残值货物，可以出面接手处置工作。

本次船东方出面联系了下家接手残损化肥，我们乐见其如此操作。因为这将简化我们的工作，毕竟船东方（责任方）自行处理残值货物，就代表他们认可了残值，剩下的只需要用原价减去残值，货物实际损失自然可以得出。

虽然这并不一定能完全代表真实的货损值，但很关键的一点是，这是当事双方都可以接受的，而我们的残损鉴定工作一个很重要的原则就是尽量得出一个各方都认可的结果。

2.16 出具证书

货损发生后,虽然船方积极处理残损货物,但并不意味着没有纷争。我们还是要按照流程出具残损鉴定证书,这个证书就是对现场真实情况的证实,一旦事后发生纠纷,走司法程序,是具有法律效力的。因此出具证书时,需字斟句酌、小心翼翼,严格遵守规范,要有理有据地证明货物损失程度。所有证书中涉及的内容都要有引用处,或者有确凿的证据证明。

正如业界一位老前辈所言,我们的工作有时需要"真话不全说,假话全不说"。这句话听起来虽然不是那么悦耳,甚至有些许讽刺意味,但却是"话糙理不糙"的现实。"假话全不说"是我们工作的底线、红线和高压线,绝对不能逾越。"真话不全说",本意是说我们出具的鉴定证书要规范、严谨,经得起推敲。

2.17 结案分析

第一次全面接手残损鉴定业务，索赔、律师、法院等字眼时刻在脑海中萦绕，可谓战战兢兢地走完了整个鉴定过程，也可以说是兢兢业业地完成任务。整个过程充满了各方的争论和妥协，涵盖了重量鉴定、品质鉴定和最终的损失评估各种业务领域，对鉴定人整体素质的要求很高，个中滋味，不同的人会有不同体会，但是不可或缺的两点如下。

（1）严谨的工作作风。现场拍照、证据留存、取样方案的制定和执行及证书的出具，都必须严谨。

（2）每个环节都会有争论和妥协的过程。争论的过程尽量为委托方争取利益，关键是争论要有个结果，这个结果一定要落到纸面上，并让各方签字确认，以此为每个环节做一个了结。

做到这两点只能说明你会做残损鉴定，仅仅是入门，是"万里长征的第一步"。"会做"和"会做好"是两个完全不同的概念。正如我们经常会在求职面试时被问到是否会使用办公软件，我们可能会很不屑地认为上过学的谁不会使用办公软件，不就是 Word、Excel、PPT 嘛！但真给我们材料，有多少人能做好？残损鉴定亦是如此，会做容易，做好难，需要我们不断学习、总结和积累，提升综合业务能力。

2.18 新一单业务

地点：龙口港。

事件：船舶卸货完毕，因岸吊位置不佳，在舱底作业的装载机无法吊出。经协商，码头方用船方吊机吊出舱底的装载机，在吊出舱口时钢丝绳断裂，导致装载机坠落并毁损严重，船底也受到不同程度损坏。港方认为，船方钢丝绳质量问题，导致的事故；而船方则把责任归为港方操作不当。双方各执一词。协商无果后，船方将港方上诉至法院，这次是法院委托我司进行司法鉴定。

本想趁着上一次成功的余热乘胜追击，快刀斩乱麻。经仔细分析后却发现，之前的经验毫无用处，这次是全新的业务，涉及的是责任的划分和机械设备受损程度的判定，可谓"而今迈步从头越"。

2.19 角色定位

经过初步分析,港方自己都无法说服自己。港方因自己原因使用了船方的机械造成事故,凭什么要求船方赔装载机的费用?

按照港方的说法,是由于船上钢丝绳老化才导致事故的发生,但港方操作也是负主体责任。好比你承包了甲方某项机械修理工程,因为你的作业工具坏了,恰巧甲方有这个工具,你借了使用,导致甲方机械受损,总不能让甲方承担赔偿责任吧!虽然例子不是很确切,但理是这个理。

后来,经过港方代表、律师、船方代表的初步讨论,逐渐达成了共识,确立角色定位。我们作为第三方介入,现在要做的就是要验证钢丝绳是否真的有问题。

2.20 现场取样

经过和领导沟通，并翻阅大量资料后，我们决定现场取一段钢丝绳进行检测和分析。

钢丝绳的取样不同于以往的散装货物取样，我们只需在断损处截取一段就可以，不需要布点流动取样了。看似轻松的工作，却耗费了大半天工夫。吊机钢丝绳有指头般粗细，是由6股几十根钢丝缠绕而成的。一开始我们只是带个钢锯上去，着实有点"轻敌"了。后来在港方的协助下，我们用液压钢丝钳才顺利将钢丝截取下来。

有意思的是，我们在取样时，在船上再次见到P&I代表。"一回生二回熟"，不同的业务，同样的配方。这也说明了这是一个大家抬头不见低头见的冷门行业。

2.21 实验室测试

实验室检测是检验鉴定的核心。

残损鉴定可能会每次都面对一个不同的货物品种,不同的货损情景,每次都会多方联系实验室,查找和学习标准,确定检测方向。这是从头学习的过程。

中国加入世贸组织后,随着检测市场的放开,各种检验检测实验室遍地开花,甚至有些没有资质的小检测机构披上"挂靠"的外衣,也从事着检验检测工作。这在不同程度上给我们的工作带来冲击。

咨询了几个经常合作的实验室,要么没有做钢丝绳检验的资质,要么根本做不了。而我们必须送正规有资质实验室检测,不仅仅是为了"合法化"证据链,更是对客户、对社会的负责。

2.22 郑州实验室检测现场

所谓"工欲善其事,必先利其器",在残损鉴定的这个领域内,确实要"必先找对人"。

此次钢丝绳的检验检测,找到合适的实验室是关键。经过数星期的多方联系,经过几个小时的长途奔波,最终来到了河南的一个国家实验室。接待我们的是一位老主任,黝黑的脸上刻满了现场工作的痕迹。三言两语,就可以让你感到问题迎刃而解,如沐春风。

整整一天的讨论,老主任帮我们把钢丝绳使用过程中的损耗、断丝、断裂点、承重力等方面进行了详细分析。当时心里顿然涌现三个字:搞定了!然后,拿着检测报告匆忙地踏上返程,都没来得及吃上碗河南正宗的烩面。

2.23 与律师及港方的意见分歧

利益相关方总是会寻求利益最大化。

港方及律师认为，所有断丝都是事故发生时钢丝绳断裂时出现的，但这是我们所无法证明的。

钢丝绳因长期使用而造成个别陈旧性断丝是很正常的现象，而我们能证明的，只是我们能看到的，那就是大部分新出现的断丝。这一点很重要。我们证书上决不允许出现我们没有看到或者无法证明的事情。

在这一点上，一定要有所坚持，这也是我们的工作原则。

2.24 第一次出庭

在法庭上,我方从实验室检测角度对钢丝绳使用率及相关技术角度做了详细阐述,总体上圆满完成任务,唯一的缺憾是程序性失误。

船方律师问及我方,是否在证书呈交法院前给港方律师看过。因该案为司法鉴定,我方代表的是法院,并不同于残损鉴定——我方代表某方货主,程序上不应提前给港方律师看证书,因此被对方律师抓住漏洞。

所幸未造成严重后果,也算是得了一个教训吧。律师往往会从程序方面入手,直接否定掉你的证书,因为这比从专业方面来跟你辩论要来得更简单和直接。

2.25 第二次出庭前准备

时隔一年。律师召集收货人及我方开准备会,律师详细分析可能会问到的问题,像考前猜题一样,并在事后出庭时证明,大部分问题都已经准备到。

与上次律师比较,高低立现。一次完美的出庭答辩离不开一个合格的律师准备会,这是可以肯定的。

2.26 正式出庭

虽然有过两次出庭的经历，但这次还是有点紧张。好歹我们准备充分，再加上证书严谨，完美答辩。尤其是在对方试图从证书中的论据入手证明论据有误的时候，我方当即指出，所有的论据均有可靠的引用出处，一句话结束了对方律师的提问。下庭后，律师对我们竖起大拇指，给我们第二次出庭经历画上圆满句号。

2.27 大景大豆

新任务:进口大豆残损鉴定。

关键词:转基因大豆,粮谷类的生命活性,自热热损。

有了上次化肥残损鉴定的实战经验,这次我也算是个"老战士"再上"战场"了,可谓"雄赳赳气昂昂",信心满满。何况这次我不是单枪匹马,而是跟随师傅团队协作。有他在后面把关,我就像吃了个定心丸,可以甩开膀子干了。

但到了现场又是一脸蒙,由于大豆自身的特性,现场货损的情况不同,导致了又是一个全新的开始。

2.28 现场情况描述

登轮后，我们先是在船上办公室和大副索取了船舶概况、积载图、发货人保函等资料。后在大副的陪同下现场勘察了货物的情况。

在我们登船之前，舱盖已经打开。在准备卸货时，才发现货损情况。我们直接下舱内实地查看残损情况，经过观察，全船7个舱内都有不同程度热损出现，即表面出现变色、结块。表面的通风作用更明显，因此现场判断，表面以下货损会更严重（但事实并非如此，后续的卸货过程证明第一现场估计的损失程度过高）。我们对舱内货物的情况做了详细的记录并拍照留存。

经过和大副沟通，我们了解到该轮无机械通风，航行途中温差较大，部分大豆含水量较高。货舱内不及时通风，导致大豆呼吸作用大大加强，从而释放出大量热量和水汽，致使部分大豆发霉、发黑。好在经过初步观察，从表面上看，发生热损的大豆不是很多。

后来从货主口中得知，该批大豆主要用于榨取人类食用油。大豆霉变后，黄曲霉毒素、热损伤率和总损伤率会严重超标。用于加工食用油，不仅油产量低，还存在较大的食品安全风险。一旦流入食用油领域，后果不堪设想。

为了尽量避免卸货时好坏货的掺杂，经过和船方、码头及货主协商，一致同意对残损程度不同的货物进行分卸取样。

2.29 灵活处理不断变化的情况

初始与各方达成共识，由港方将残损货物尽量单独卸出，卸货过程中取样，我们作为第三方也是全天24小时现场监督取样。

随着卸货的进行，我们发现各舱呈现的货损程度不同，但大多霉变发黑的豆子都呈窝状分布在舱内各个位置，大量的好货伴随坏货卸出，如果按时间间隔取样则无法保证取样的代表性。

后来，经过和船方、港方及货主协商，及时改变取样方式，采取后续货垛布点取样。

2.30 被 P&I 钻了空子

其实后续货垛布点取样是"老朋友"P&I 的主意。客观情况确实人手不足，卸货现场5台灌包机同时作业，需要5个人盯住取样，因此当P&I提议时，我们也算是一拍即合。

后面慢慢发现，也是对后续货垛取样困难估计不足。

P&I 按天收费，希望货垛取样。共83个垛，每天只可以取几个垛的代表样，整整耗时了大半个月。不知道当时我为什么会同意。

2.31 漫长的取样过程

分卸出的所谓坏货实际上还是会好坏掺杂，货物被灌包至吨包内，然后起高堆垛，垛高有5米左右，为防止雨水还需整个垛上覆盖篷布。

每天我们的工作就是按照既定的取样方案开垛、取样、封垛，开垛、取样、封垛，开垛、取样、封垛……

虽是每日机械重复，但有人的地方就有利益，用人工取样就免不了主观性，取样现场各方各怀心事，争执不休。

2.32 无休止的签字

事实记录,取样证明,封样证明,送样证明……

严谨的工作就意味着:样品不能够了就行,宁多勿少;过程不能差不多就行,需协商一致,签字画押。每个批次的样品都需要各个利益方代表的签字。

2.33 复杂的过程，竟然没见到过律师

整个过程包括船上检验、后续取样和证书出具，没有任何律师参与。好像也不是所有的律师都是那么负责任的。

律师可是海运纠纷案中的"主角"，大部分货物都是跨国或者跨境运输一旦发生纠纷，将涉及多部法律和条约。因此，相较于普通的民事案件，海上货物运输案件更离不开律师的"出谋划策"。

之前没有和律师打交道的经验，上次差点在法庭上栽个大跟头。所以，遇到这种需要和律师有接触的业务，我格外小心，生怕再掉入他们事先设计的陷阱里。

2.34 实验室又给了当头一棒

我们将所有的样品封存好,送到指定实验室做检验。几天后,化验结果显示,80多个样品的最关键的指标热损伤率0.3%～5%不等,平均才2.2%,这大大出乎所有人的意料。

要知道,虽然装港实际品质证书中的热损伤率是0.8%,但买卖双方合同中规定热损伤率的上限都可以到2%。这意味着如果按照热损伤率定损,货物贬值率很低。

这下大家彻底慌了神,也第一次领教到,什么叫主观性。热损伤率的检测是靠人工挑拣和辨色确定,这里面的水很深,足可以写一本书了。

2.35 专家意见,受益匪浅

为了客观准确评定受损货物的贬值情况,我们走访了检验检疫局技术中心,了解加工大豆的出油率、豆粕率等有关参数,分析大豆实际损失因素。

大豆热损后,一方面加工出的油品质和产量都会降低;另一方面副产品豆粕的品质也会降低。同时,这期间还会增加生产成本,包括码头费、人工费、仓储费等费用的支出。

这次请教的专家、学者在业界都颇有名气的,他们从微生物角度详细分析了大豆贬值情况,令我们受益匪浅。最大的收获是一句话:如果一件衣服破了一个洞,作为商品,衣服的价值下降不能只以破的洞的价值来计算,还应考虑商业销售因素。这句话其实是对残损鉴定业务的总结,计算残损值不能单单看货值损失多少,还要统筹其他成本。

2.36 不翼而飞的芝麻

从检验现场回来的路上,我还在想着刚刚看到的那一幕。集装箱外观良好,没有明显破损;根据收货人提供的开箱前照片及信息判断,箱门、锁柄完好无损,甚至连锁柄上的高保封封号也与进口单据上标注的封号是一致的。但收货人打开箱门的一刹那就惊呆了:箱内货物积载高度明显不够,与同批次来的其他集装箱相比,箱内货物高度仅为其他箱子的1/2左右,且上层货物堆放凌乱不齐……看到这种情况,收货人随即中止卸货,并向我司提出了监督卸货申请。

有了之前工作经验的积累,现在收到工作委托也没那么忙乱了。这个工作看似收货人仅仅申请了监督卸货检验,但事出有因,毕竟是因为箱内货物状态异常引发的,还是要结合残损的思路来处理比较稳妥一些。跟师傅确认工作思路后,立即联系收货人收集相应材料,并建议其发送《索赔通知书》至承运人、货物保险人等各有关方,要求承运人、保险人或其代理人到场参与联合检验,见证事实。

在集装箱外观无明显破损或其他缺陷的情况下,承运人自然不会安排代理人到场参与联合检验。得知无须预约等待联合检验的消息后,我们立即驱车赶往收货人工厂。

我们到工厂经过一通登记、安检后，和收货人现场代表边走边聊着走向卸货区。现在已经不用提前在办公室草拟一些问话主题来了解货物具体情况了，诸如合作方是不是第一次合作的客户，是否为贸易欺诈类案件，以前同类货物有无类似问题出现，等等。当然，很多紧急的情况不允许提前针对性准备，这就需要检验员要具有举一反三、触类旁通的应急变通能力，才能在各种不同的情况下，充分利用"正式问询＋非正式聊天"的方式，在现场检验的短时间内了解货物背景，初步判断货物异常的原因，并在现场检验中有侧重地去做更多更详细的调查求证。

这次的现场就相对简单了，货物差异点是货物数量明显不符，那就先清点定数量。对问题集装箱正前、侧前、侧后以及被剪断的高保封拍照取证后，就是无聊的卸货数量清点了。当然，卸货过程中，少不了工厂品检部抽取样，我也可以顺便了解一下货物是否有品质方面的差异。我又一次利用了聊天式问询法，了解到不同地区货源的品质特点和海运途中会发生的各种可能造成局部品质变化的情况。以后要有影响芝麻品质类的残损，我也算是半个专家了。

卸货很快结束了，现场与收货人理货员共同清点，发现该集装箱共卸出袋装芝麻237袋，与提单记录数量420袋相比，短量达183袋。但同一提单下的其他6个集装箱的卸货数量与提单数量完全一致，也未发现顶层货物凌乱的现象。

怀揣着种种疑惑，我对这个莫名少货的空箱是左看右看，围着它转了至少3圈。从箱门、侧壁、前端箱壁、顶板，到内部箱壁、地板，看得出该集装箱不是新箱，有着旧箱正常的磨损状态，左侧箱壁偏左下部位还有个约40厘米×40厘米的方形补丁。但芝麻也不是什么太贵重的货物，运输途中总不至于大动干戈动电气焊来切割吧。有拖着电气焊工具的窃贼吗？

然后就是箱门了沿着门铰链、四周密封垫、左右箱门的4个边再次仔细检查并没有发现明显被撬动的变形，或者是曾经被撬动的痕迹。被剪断的高保封看上去也是制作精良的正品。但是，凭已经获知的信息判断，国外发货人刻意把上层货物搞得凌乱无序，造成个中途被盗的假象，仅仅是为了少发100多袋芝麻，对于长期合作的老客户来说，好像也不合常理。

那么，这些货物怎么消失了呢？

华人物证鉴识大师李昌钰博士说过："抽丝剥茧，让证据说话。"有一点可以肯定：这么多货物不会凭空消失，如果是在不破坏高保封的前提下，货物从箱门口被掏出，一定会留下蛛丝马迹！

再次回到箱门的锁柄及锁柄托架上来，功夫不负有心人，虽然箱门"饱经风霜"，但透过其表象，还是看出了些许端倪：右侧里门把与锁柄连接处一个铆钉为穹顶头铆钉，而其他铆钉头均为平头铆钉；穹顶铆钉头附近区域涂层与周边图层颜色稍微不同，相比周边图层陈旧颜色，该铆钉头部颜色相对新鲜一些。难道问题真是出在这里吗？

科学的精神就是"大胆地假设，小心地求证"，既然有了突破口，那就追吧。

从现场一回来就是搜搜搜，强大的互联网信息共享系统还真的是不负众望，在多个船东互保协会网站的"cargo"或是"container matters"条目下发现了多个关于世界各地集装箱货物失窃的案例及开箱手法，其中之一就是出在那个签字笔粗细的铆钉身上。窃喜之余，不由得有些后怕：如果箱门表面灰尘再多一些的话，我会去擦拭干净后检查吗？如果铆钉头也是和其他部位的圆形铆钉头一样，我还会发现这个被换掉的铆钉吗？如果只是一个卸货数量清点的报告，对收货人或是其他有关方又有多大的参考意义呢？

图 2-1　使用电钻工具将锁柄连接铆钉取出

图 2-2　在封条不被破坏的情况下，门把与锁柄完全脱离，箱门可以打开

图 2-3　用新铆钉重新装复

图 2-4　粉刷涂层遮盖刮擦痕迹

就这样，一个有现场发现、有证据支持及我司结论的报告很快就出炉了。几天后，收货人竟然破天荒地主动电话来告诉保险公司认可了我司报告中关于货物短少是发生于运输途中的结论，审核保险责任无误后，答应予以赔付短量导致的全部损失。

注：本案中，如果未能发现集装箱锁柄被破坏，极大可能导致本次货

物损失被其他有关方归因为"不明原因货物短少",即不确定损失原因、不确定损失发生地点/环节、不确定损失责任方。这就意味着各方(尤其是保险人)均不会对此次货物损失负责,对收货人来说,申请第三方公证检验就失去意义了。

2.37 经验总结

经过这几次的实战经验,我对于残损鉴定业务也有了自己的小见解。趁着实战的余温还在,赶紧总结记录下来,免得随着时间的流逝,石沉大海。

(1)工作过程要认真、到位,要有责任心,出具证书要严谨、斟酌。

(2)我们的工作要尽量做到极致、完美。打官司是一个漫长的过程,期间充满了漫长的等待和无可避免地磋商甚至妥协,两次出庭,我更深刻地理解了残损鉴定工作。

(3)面对形形色色的货物种类,鉴定过程找到对的专家是很关键的。

(4)即使相同的货物品种,也会因利益方的不同而导致工作内容的不同,每次都当作一次重新的开始,没有固定模式可套用,这就是残损鉴定。

(5)检验无小事,不要主观认为货值小就可以简单做做就可以了。不管货值大小,确定现场、发现问题、寻求真相、还原事实才是我们的方向。细节决定成败,也会赢得委托人信赖。

3 汽车衡器鉴重

衡器鉴重是指进出口商品在报检时的一种检验方式。检验检疫机构实施衡器鉴重的方式包括全部衡重、抽样衡重、监督衡重和抽查复衡。

2007年8月,国家质量监督检验检疫总局公布的《进出口商品数量重量检验鉴定管理办法》第十九条规定:"固体散装物料或不定重包装且不逐件标明重量的进出口商品可以采用全部衡重的检验方式;对裸装件或不定重包装且逐件标明重量的包装件应当逐件衡重并核对报检人提交的原发货重量明细单。对定重包装件可以全部衡重或按照有关的检验鉴定技术规范、标准,抽取一定数量的包装件衡重后以每件平均净重结合数量检验结果推算全批净重。"

3.1 初识汽车衡器鉴重

今天港上靠泊一条铜精矿船,师傅带我去做汽车衡计重。出发前,师傅对我说:"这个很简单,就是重复劳动。要能耐住寂寞啊!"当时我还不明白什么意思,到了现场,我明白了。

分派任务时,我主要负责监视卸货,和现场的货代一起开票。也就是船上卸下一车货,我们写一个单子,单子上写上时间、车号以及车上装了多少包货……

我值白班,一直值到晚上 8 点才有人来替班,吃饭也不能离开卸货现场。顶着 30 多摄氏度的高温,集装箱里还没有空调,很难熬。明天早上 8 点还要再继续。

不过和货代小哥聊得还是很开心的,我也搞清楚了整个流程。

铜精矿卸货为了减少撒漏、方便运输等原因,把散货从船上卸下来后,装在固定规格的吨袋里。每个吨袋装完货后重量为 2 吨,吨袋重量为 2 千克,也就是每个吨袋实际装货约 1.998 吨,然后码头工人再用叉车把吨袋装到平板车上去过汽车衡。我们在现场开具的票一式四联,我们留一联用于核对,同时做好台账。然后司机师傅拿的三联其中一联给磅房;一联给我们在磅房值班的兄弟——也就是我师傅;另一联司机拿到堆场,交给库管。当一个班结束的时候,我、我师傅、磅房、库管四方对数,只有四方的车数、件数都能对上才算完成,不然就要倒查哪里出了问题。并且各方还要核对时间。如果司机在路上行驶时间过长,就要追查司机的行车路线,看是不是有什么问题。

哎,一天终于结束了,弄了一身铜精矿。抓紧洗洗睡了,明天还要继续……

3.2 继续汽车衡器鉴重

今天早早地就起床,到港区才 7 点半。

我换了个地方,负责在磅房监视过磅。这个工作还是比监视卸货舒服,至少待在空调房里,不用再吹一身铜精矿了。

师傅大致给我讲了讲注意要点。首先是衡重开始前,确认汽车衡检定合格证书在有效期内,汽车衡封识完好,计算机系统处于正常工作状态。然后检查承重平台,确认承重平台表面清洁,且与坑基和引桥的间隙适中,无杂物夹卡。

当开始衡重时,应该确认汽车衡仪表在零位,且车辆应该缓慢驶上衡重平台,完全停稳后才可以进行读数。车上只可以有司机一人,不得搭载其他任何人。当汽车驶下衡重平台后,仪表指数应当归零。

空、重车对应的衡重一次有效。当一辆车过完空重车后,磅房会打出一张小票。小票上打印着车号、时间、毛重、皮重、净重等。小票是一式四联,司机一联,磅房留两联,另一联给我。我需要把我这一联和现场开具的票进行核对。因为卸货时是按照 2 吨每件进行灌装,所以净重应该近似等于件数 ×2 吨,如果误差大于件数 ×4 千克,我就需要进行汇报,大家一起分析一下是哪个环节出了问题,确保无误后再在台账上进行登记。

当晚上8点来人替班时,我把这一班所过的车数、铜精矿件数和净重统计出来,和现场、磅房及库管进行核对。还好所有数据都是确认无误,一天的工作这样就结束了。回到家已经9点多,第二天继续。

3.3 汽车衡器鉴重标准

今天继续重复昨天的工作。到了中午 12 点,这一船铜精矿终于卸完了。统计完所有的数据后,几方核对了一下数据,还好大家都比较仔细,数据都一致,很快的算完了总毛重、总皮重和总净重。大家都交了差,我也和师傅一起回到了办公室。

师傅开始拟制证书,扔给我一个《进出口商品衡器鉴重规程 第 3 部分:汽车衡器鉴重》(SN/T 0188.3—2010),然后对我说:"你啥也不准备就跟着去干活了?现在研究一下标准吧。"

《进出口商品衡器鉴重规程 第 3 部分:汽车衡器鉴重》(SN/T 0188.3—2010)是目前我国汽车衡器鉴重的通用标准。虽然我在入职前已进行了系统的培训,但干完活后,感觉学起来更立体、更易懂。

我拿着标准仔细地研究了起来,里面对汽车衡器计重的方法、程序和要求都进行了比较详细周到的讲解。我想我已经基本掌握了汽车衡器鉴重的方法,剩下的就是经验的积累和一旦发生问题后的处理了。

温故而知新,让我来给大家分享汽车衡的知识吧。

衡器的原理是利用被称物体的重力来确定该物体的质量或作为质量函数的其他量值、数量、参数及特性的计量仪表。

电子衡器是利用力-电变换原理,将被衡量物体的重力所引起的某种机械位移转化为电信号,并以此来确定该物质质量的衡量仪器。

常用的概念如下。

最大称量:不计算称体本身在内的最大称重能力。

最小称量:当载荷小于该值时,称量结果可能产生过大的相对误差。

称量范围:最大称量与最小称量之间的范围。

最大安全载荷:秤所能承受的保持其计量性能不发生永久性改变的最大静载荷。

分度值(d):对模拟示值,指相邻两个刻线对应值之差;对数字示值,指相邻两个示值之差。

检定分度值(e):用于对秤进行分级和检定时使用的,以质量单位表示的值。

分度数(n):最大称量与检定分度值之商。

图 3-1 工作中常用的汽车衡

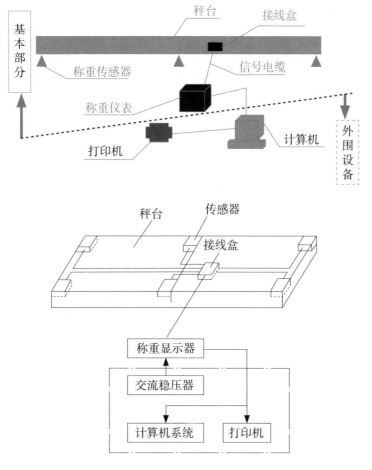

图 3-2 电子衡器的组成

衡器计重方式也是作为贸易双方很重要的计重方式,根据定量包装商品、固定净重商品、标明重量商品、不规则重量商品等不同类别和不同的具体情况,分别采取监视衡重、抽查复衡、全部衡重等方式进行重量鉴定。

根据不同商品分别采取不同的衡器,如天平、案秤、台秤、轨道衡、地中衡、料斗秤、电子秤等,进行计重,称衡器计重。各种衡器都必须经国家计量部门检定合格，并在有效期内使用和按照规定进行操作。专用衡器还应适合所衡商品重量，最佳衡量值为衡器最大衡量值的 2/3，一般不应小于最大衡量值的 1/5，特殊情况也不得小于最大衡量值的 1/10，以确保计重结果的准确性。

由于衡器的准确度有一定的技术限度，加上感官方面的局限性和衡重的环境条件影响，衡器所得的重量结果，往往不能反映绝对的真实数值。因此，在国际贸易习惯中，对衡器计重的结果，允许有一定的合理误差。检验检疫部门规定衡器计重允许误差为不超过实衡结果的 ±0.2%。

外贸合同规定以公量、干态重量计价的商品，在计重时要同时抽取样品化验其水分，按规定操作，计算其合同要求的商品重量。例如，棉花、生丝等商品，一般以干净重加上合理回潮率核算公量。

一般包装商品的衡器计重，应检验其毛重和皮重，计算出净重。皮重就是包装材料的重量，皮重的计算方法有下列各种。

（1）实际皮重，即包装材料的实际重量。

（2）平均皮重，即从整批商品中抽取若干件的包皮称其重量，求得平均数，作为每件的皮重，乘以总件数，即为全部商品的总皮重。

（3）习惯皮重，即某些商品的包装材料和包装方法，已为买卖双方承认，对其重量的计量也为各方公认，如装运粮食的麻袋，公认习惯皮重为每只 1 千克，不必再行逐只回皮。

（4）约定皮重，即不经过实际衡重，而是双方同意的重量，称作约定皮重。

毛量减去皮重，即不带包皮的商品重量就是净重。有些商品其包装与本身不便分别计重或二者的价值相当而不必各自计重，如卷筒报纸等，在买卖时都是以毛重计价,这种办法叫"毛作净"。

衡器的准确是保证衡重结果准确性的首要条件,计重工作必须正确选择衡器来作为计重方式。

(1) 衡器必须经国家计量部门检定合格,贴有有效的检定合格证书。

(2) 衡器的精度应符合对外计量要求,一般应优于1‰。

(3) 衡器的称量值应掌握在规定的范围以内。

(4) 衡器使用前要检查校验,检查校验合格者方可使用。

(5) 衡器使用完毕后,应有良好的保养措施。

在使用时正确操作,才能确保所衡货物重量的准确性。

(1) 衡器秤面应保持水平,并处于自然状态。对于移动台案秤,应检查底部四轮是否均匀着地,地面是否坚实平坦。

(2) 被衡重商品应轻拿轻放,置于秤面中央,使物体的重心应在于衡器重点力作用范围以内。

(3) 对机械杠杆秤,应在杠杆保持平衡时,读取重量值;对电子显示秤,则应等待显示的数字稳定后读取重量值。

(4) 读取的数值应以计量杆最小分度值为有效单位。如不到位,可按分度之半等分进位,不是半等分舍掉。

(5) 衡器每移动一次,都要检查四轮着地和调整零点。计量过程中,要随时检查和调整。

(6) 码单记录数值应与实际一致,字迹要清晰,并且不得涂改。

在衡器计重时,如发现所衡重的进出口商品有破包,应根据对进口和出口商品衡器计重的不同要求,分别采取不同措施。

(1) 出口商品:在出口衡器计重时,如发现破包,应由发货人按照破包数量和破损情况，对少量而轻微的破包，进行必要的修补，对数量多而又严重的破包，必须重新更换包装，并按原出口商品的质量要求补足漏失的重量。

（2）进口商品：在进口衡重验收时，如发现破包，应向理货部门查询有无残损签证。如有理货签证，要立即申请检验检疫机构验残，查明破包原因，分清残损责任，确定短重数量和重量。有破漏地脚的，可扣除内含杂质，按完好部分计入重量证书，以便向有关责任方索赔。如无理货签证，说明造成破包责任在于境内，属于装卸部门责任的，应在提货前取得装卸部门的商务记录或事故记录，衡重后确有短重的，可向装卸部门交涉索赔。如属于保险公司承保责任范围内的，应与保险公司联系并由保险公司处理。

由此可见，虽然看似简单的计重方式，也有严格的规范要求，包括国家检验的标准和行业规范。对于一个称职的鉴定人来说，无论采取哪种计量方式来进行鉴定，我们的内心都应该始终坚守着一台公正、公平的天平，认真负责地对待每一项工作，做到问心无愧。

4 容器计重

容器计重是收发货人在办理进出口商品数量、重量检验报检手续时，根据实际情况并结合国际通行做法向检验检疫机构申请的一种检验项目。容器计重分别有船舱计重、岸罐计重、槽罐计重三种方式。此外还有衡器鉴重、水尺计重、流量计重等其他相关的检验项目。

4.1 见识大油轮

一直想去油轮看看,师傅说:"贪多嚼不烂,先把你的水尺计重业务学好学精再说吧。"我说:"这有啥,不就是量舱吗?还不是和水尺计重中量压载水一样吗?还省得看水尺呢?""看见了吧,你说的就是外行话,容量计重可比水尺计重复杂多了。"看我一脸的不服气,师傅竟再没多说什么。

终于有机会了,明天师傅要去青岛港原油码头执行进口原油计重任务。我闲着没事,就缠着师傅要一起去学习一下。师傅经不住我死缠烂打,就同意了。我喜出望外,赶紧恶补一下油轮的基本知识。

油轮(Oil Tanker),是油船的俗称,是指载运散装石油或成品油的液货运输船舶。从广义上讲是指散装运输各种油类的船,除了运输石油外,还装运成品油、各种动植物油、液态的天然气和石油气等。

油轮按载重船型可分为以下几种。

(1)ULCC(Ultra Large Crude oil Carrier):超巨型原油船,载重吨(DWT)在30万吨以上。

(2)VLCC(Very Large Crude oil Carrier):巨型原油船,载重吨在20万~130万吨。

(3)苏伊士型(Suezmax):船型以苏伊士运河(Suez Canal)通航条件

为上限,载重吨在12万~120万吨。

(4)阿芙拉型油轮(Aframax):可以停靠大部分北美港口,并可获得最佳经济性,又被称为"运费型船"或"美国油轮船",载重吨8万~12万吨。

(5)巴拿马型(Panamax):船型以巴拿马运河(Panama Canal)通航条件为上限(譬如运河对船宽、吃水的限制),载重吨在6万~8万吨。

(6)灵便型油轮:载重吨在1万~5万吨。

(7)通用型油轮:载重吨在1万吨以下。

现代油轮一般采用燃油发动机推进,航速一般在15节(28千米/小时)左右,它们属于比较慢的船。大油轮都拥有两层外壳,双壳油轮的目的是增强船体的总纵强度和船底的局部强度,提高船舶安全性,防止因船舶搁浅、碰撞导致油品外泄、污染海洋环境;同时,两层船壳之间的空间也被用来做压载舱,根据船装卸货的情况,压排海水,调节船舶平衡。一般油轮的甲板非常平,除驾驶舱外几乎没有其他耸立于甲板上的东西,这是因为油轮不需要起货设备和大的货舱口,油品主要用油泵通过船岸专用管道装卸。

目前中国进口原油海上运输主要有三条航线:中东—中国、西非—中国、拉美—中国,考虑到各主要产油区到中国的距离以及装卸港口条件,采用VLCC运输是相对经济实用。今天很幸运,遇到的是我国第一艘国产并且挂中国船旗的巨型油轮"新金洋"号。它长330米,宽60米,满载可达29.8万吨。这个大家伙可真是名副其实的"巨无霸"!什么概念呢?举个例子,当今世界上最大的航空母舰"福特"号长337米,宽78米,排水量11.2万吨,长宽都比"新金洋"号大,可是排水量却差远了,谁叫"新金洋"号"肚子大"呢!

4 容器计重

这次"新金洋"号装载了 27 万吨原油,大约 200 万桶,由沙特阿拉伯运往中国青岛。货物在青岛全部卸完,通过管道输送到中国石化公司岸上的储存油罐中。

让我们来见识下这艘巨型油轮的英姿吧(图 4-1)。

图 4-1 "新金洋"号油轮

4.2 船舱计重之登轮准备

经过大油轮的视觉震撼,这次要动真格的了,上船之前,还是先恶补一下容量计重的一些基本知识,以防在船上慌张……最起码得了解术语。

(1)容量计重(Measurement Survey):也称容器计重,通过测量检定合格的计量容器内液体的液位和温度,结合其密度,经必要的修正后计算出被测液体质量的一种计重方法。主要分为岸罐计重(以岸罐作为计量容器)和船舱计重(以船舱作为计量容器)。

(2)上计量基准点:也称检尺点,主计量口中下尺槽的垂线与上边缘的交点。

(3)下计量基准点:也称零点,通过上计量基准点的自由下垂线与计量板表面的相交点。

(4)参照高度:也称基准高度,上计量基准点与下计量基准点之间的垂直距离。

(5)液深(Sounding):自由液面与下计量基准点之间沿测量轴线的距离。

(6)空距(Ullage):自由液面与上计量基准点之间沿测量轴线的距离。

(7)底部沉淀物(Sediments):以分层状态存在于容器底部的不溶性固体物质,通常包括锈、泥、砂等。

(8)游离水(Free Water):又称底水,在油品中独立分层并主要存在于油品下面的水。扣除游离水时,包括底部沉淀物。

(9)水分(Water Content):非水液体中溶解水和悬浮水的总称。

(10)沉淀物和水(Sediment And Water):油品中的悬浮沉淀物、溶解水和悬浮水总称为沉淀物和水。

(11)总计量体积(Total Observed Volume, Tov):在计量温度下,所有油品、沉淀物和水以及游离水的总测量体积。

(12)毛计量体积(Gross Observed Volume, Gov):在计量温度下,已扣除游离水的所有油品以及沉淀物和水的总测量体积。

(13)毛标准体积(Gross Standard Volume, Gsv):在标准温度下,已扣除游离水的所有油品及沉淀物和水的总体积。通过计量温度和标准密度所对应的体积修正系数修正毛计量体积可得到毛标准体积。

(14)净标准体积(Net Standard Volume, Nsv):在标准温度下,已扣除游离水及沉淀物和水的所有油品的总体积。从毛标准体积中扣除沉淀物和水可得到净标准体积。

(15)毛表观质量(Gross Weight):与毛标准体积对应的表观质量。

(16)净表观质量(Net Weight):与净标准体积对应的表观质量。

(17)总计算体积(Total Calculated Volume):标准温度下的所有油品及沉淀物和水与计量温度下的游离水的总体积,即毛标准体积与游离水体积之和。

(18)底油(On-Board Quantity, Obq):油船装油前就存在的除游离水外的所有油、水和油泥渣等物质。

（19）残油（Remaining On Board, Rob）：油船卸油后残留的除游离水外的所有油、水、油泥渣等物质。

（20）计量温度：实际测得的液体温度。

（21）密度：在规定温度下，单位体积内所含物质的质量。

（22）视密度：用密度计测定液体密度时所观察到的密度计示值。

（23）标准密度：液体在标准温度时的密度。

（24）计重用密度：液体在空气中的密度。

（25）空气浮力修正值：同一温度下液体在真空中的密度与其在空气中的密度之差值。

（26）表观质量换算系数（WCF）：液体密度－空气浮力修正值。

（27）相对密度：液体在给定温度下的密度与特定温度下标准物质（纯水）的密度之比值。

（28）API 度：美国石油协会（API）制定的一种用于表示液态烃相对密度的量度。

$$\text{API 度 } 60\ ℉ = 141.5 / \rho 60\ ℉ / 60\ ℉ - 131.5$$

$$\rho 60\ ℉ / 60\ ℉ = 141.5 / (\text{API 度 } 60\ ℉ + 131.5)$$

（29）体积修正系数（VCF）：液体在标准温度时的体积与其在非标准温度时的体积的比值。

（30）体积温度系数 f：在一定温度范围内，温度每变化 1 摄氏度，液体体积的相对变化值（常用于液体化工品，对某一液体商品而言，可看作一个常数）。

$$f = (V_{t2} - V_{t1}) / V_{t1} \cdot (t_2 - t_1)$$

$$V20=V_t \cdot [1-f(t-20)]$$

（31）密度温度系数 γ：在一定温度范围内，温度每变化 1 摄氏度，液体密度的变化值（常用于动植物油脂，对某一液体商品而言，可看作一个常数）：

$$\gamma=(\rho_{t1}-\rho_{t2})/(t_1-t_2)$$

$$\rho_t=\rho_{20}-\gamma(t-20)$$

（32）船舶经验系数（Vessel's Experience Factor，VEF）：对于一定的船舶，可以在船舱测得的货油数量和相应的岸上码头测得的货油数量之间，确定一个大约恒定的比率，此比率称为船舶经验系数。

船舱计重属于容量计重，也是静态计重的一种。油船上用于装载石油及石油产品的船舱称为油船舱。船舱种类各异，根据其种类不同而采取不同的计量方法。油船船舱计量是国际、国内石油产品等进行贸易交接、结算的主要依据之一，在我国的计量法规中它被列入强检项目。船舱计量的基本方法：测量每个舱内的液位高度，舱内油品温度，根据舱容表和液位查出每个舱的油品体积（要考虑吃水差等修正），求得体积总和，乘以体积修正系数，再乘以密度即可得到装载货物重量。

原理清楚了，开始准备吧。

一是安全方面：进入码头及登轮，必须遵守码头及船方有关防火、防爆安全规定。应穿戴安全帽、防静电服和防滑、防静电鞋，使用防爆电筒或防爆灯照明。登罐前应用手触摸金属物（如铁梯）以消除静电。对腐蚀性货物、有毒货物计量时，应使用透明面罩，防腐鞋、防腐服，戴防护手套。

二是要准备好下列计量工具：计算工具（计算器、笔记本电脑），量油尺、量水尺、油水界面仪、温度计、试油膏、试水膏等。也可使用船方或库方提供的计量工具，但应核查其检定证书须在有效期内（师傅说了，这次用船方的器具，后面详谈）。

确实比水尺计重麻烦，现在一切准备就绪，"新金洋"号，我来了。

4.3 船舱计重之测量准备

该实际操作了,师傅说过,上船后船舱测量也得做好准备工作,磨刀不误砍柴工嘛。

登轮与大副接洽后,要了解并且查核与计重有关的情况。

首先,核实计量船舱是否经有资质的部门标定,保证舱容表准确有效,并有纵、横倾修正资料。

其次,由船方提供以下书面报告。

(1)船舶规范、配载图。

(2)装港及上一卸货港空距报告。

(3)污油舱舱位及残油数量说明。

(4)装港装货前 OBQ 报告。

(5)量油尺、温度计、油水界面仪检定证书。

(6)船舶经验系数报告。

(7)卸货前/后船方燃油报告。

另外,还要了解一些舱位、货物的信息。

(1)各船舱的参照高度,以便选择量程大于参照高度的测深钢卷尺。

(2)被测液体的物理和化学性质,①了解被测液体是否为重质液,尽可能选择较重尺砣的测深钢卷尺；②了解被测液体熔点，防止底部货物凝固，而无法准确测量液深；③了解被测液体是否有毒、易燃、易爆、易腐蚀，以便采取必要的防护措施（如释放身上静电、戴防毒面具或手套、穿防护服、测量时站在上风头等）；④了解被测液体的温度，以便选择量程大于液温的测温仪或温度计。

（3）是否存在游离水以及游离水深度。

（4）货物配载情况及管线情况。

还好，船上配备了测空距用的工具叫油水界面仪（Ullage Temperature Interface，UTI）（图4-2），集成了3种功能，可以测空距、油温、油水界面（船舱内油和水的交接面）。

图16所示就是UTI，一端是一个尺棒，另一端连着尺子。尺棒的末端是一个探头，是UTI最核心的东西。测空距时，将尺棒顺着测量孔放到舱内，当探头接触油面或者油水界面时就会发出"滴……"的提示音，这时从尺子上读出数值，就是相应的空距值。而且它还可以测量温度，比较方便。

图4-2　油水界面仪

4.4 船舱计重之量空距

测量空距、油温可是有要求的。必须先测液位,后测液温;液位测量完后,应立即测量液温;有游离水时,若测液深,应先测游离水深度,若测空距,则应最后再测游离水深度;同批货物存于多个舱中时,所有舱中的液温都必须逐一测量;必须从计量口的下尺槽或标定位置下尺,并从计量口测液温。要求很多,今天先把量空距搞明白。

量油舱的时候要注意别让油舱内喷出的油气弄脏衣服,可能有人会问油舱里怎么会喷油气呢?

其实这些油气是确保船舶安全的"防护罩"和"安全阀"。由于石油易于挥发、燃烧和爆炸,故对防火安全要求严格,国际海事组织《<1973年国际防止船舶造成污染公约>1978年议定书》规定,载重2万吨以上的新造油船,须有稀有气体防爆措施,隔绝与空气接触。所以测空距打开测量孔的时候,会有稀有气体混着油气喷出,第一次量的时候还被喷出的油气吓了一跳,由于油舱都是密闭的,且加注惰性气体时具有一定压力,测量口直接被打开会发出跟煤气泄漏似的哨声。

空距(Ullage)是从基准点到船舱内油品液面的高度。那何为基准点呢(Reference Point)? 是在检尺口有一个固定的标记,是测量舱容高度的起始点。

测空距用的工具就用我们昨天说的UTI。UTI最好与装货港使用的UTI一致,同时应具备校准/检定证书。工具符合要求,测量结果才能准确可靠,正所谓"工欲善其事,必先利其器"。然后根据舱容表确定读数基准点和测量口位置,沿计量口垂直固定并下尺,当探头即将进入液面时,放慢速度,听到警报声时读取空距值。使用UTI测量空距有以下几种读数方式。

(1)多次测量取平均值。即每次下尺过程中UTI鸣响第一声时立刻停止下尺并读数,多次测量后对所有读数求平均值。标准规定,检尺应连续测量3～5次。差值不超过20毫米时,取其算术平均值;超过20毫米时,应适当增加测量次数;超过40毫米时,应暂停测量。该方法对人员操作要求高,需多次测量才能保证准确性,耗时长。

(2)高点低点平均值。即缓慢下尺至UTI刚开始鸣响一声时立刻停止下尺并读数为高点空距,再缓慢下尺至UTI刚开始持续不断鸣响时立刻停止下尺并读数为低点空距,求两者平均值。

(3)鸣响时间与静音时间相等时的值。即缓慢下尺至UTI鸣响时间与静音时间相等时停止下尺并读数为空距值。

量舱操作虽然不是很麻烦,但它既是技术活又是耐心活。考验着检验鉴定人员的耐心、细心和专业化水平。"合抱之木,生于毫末;九层之台,起于累土;千里之行,始于足下。"量舱作业亦是如此。我们在工作时要始终坚持"求准不求快、求质不求量"的原则,脚踏实地,认真细致地收集舱容计重的第一手资料。需要大家注意的是,船上油舱大部分都分左、中、右,分别用大写英文P、C、S表示,例如,4舱左,一般标注为4P;4舱中,标注为4C;4舱右,标注为4S。

4.5 船舱计重之量油温

量舱是先量空距,再量油温,最后测量游离水。怎样测量油温呢?油温测量的位置和最少数目取决于舱内品深度,相关规定如表4-1所示。

表4-1 不同油深下的温度测量位置和最少数目

油品深度/米	最少测量点数	测量位置
>4.5	3	上部、中部和下部
3.0～4.5	2	上部和下部
<3.0	1	中部

按照相当于油品深度的5/6、1/2和1/6依次测量油品的上部、中部和下位置。各点测量温度的算术平均值通常作为油舱内液体温度。如果其中一点与平均温度相差大于1.0时,则必须在相邻两点中间的液深位置依次补测温度,然后再计算平均温度。用UTI测量油温时,须上下轻轻摇动界面仪30秒左右,直至温度示值稳定后读数。这样做是为了尺棒探头的温度能够尽快与舱内该点温度达到一致。

一般来说,1分钟左右即可示值稳定,但现在是冬天,尺锤在-10摄氏度的室外环境里待久了需要慢慢适应,暖和过"身子"来。舱内温度22摄氏度，所以第一个舱用了足足3分钟，才把尺锤"捂热"，达到舱内油品相同温度。

　　船舱计重时货物温度大都比海水温度高，根据季节或者货物不同有时相差很大，导致舱底附近液温与其他部分液温差距较大，工作中经常会发现船舱内不同液位的货物温度出现以下现象：距离舱底 1～2 米的货物温度变化较大，而 2 米以上货物温度变化很小。需要根据实际情况增加测温点，使计算用温度能够代表船舱内整体货物的温度。

4.6 船舱计重之量游离水

量舱过程进行大半,开始接触量游离水这个最后的重点。

游离水由于密度大,通常以分层状态存在于油品底部,也就是我们说的底水。游离水并不属于油品含水。从严格意义上说,游离水并不属于原油含水,水在原油中存在的状态主要有三种:悬浮状、乳化状和溶解状。

悬浮状态的水是以水滴形态悬浮于油中,在一定条件下可以聚合沉降成游离水。

乳化状态的水是以极小的水滴状均匀分散于油中,与油形成一种稳定乳化液,乳化水必须使用特殊的脱水方法才能脱除。

溶解状态的水是以水溶解于油的状态存在(绝对不溶解的情况是不存在的),即水以分子状态存在于烃类化合物分子间,呈均相状态,溶解水的含量虽然极少,但要完全除去是非常困难的。一般溶解水在原油乃至石油产品中都是不可避免的。石油分析中把无水视为无悬浮水和乳化水。

将舱底这样的微观环境放大,我们可以看到舱底的油水结构并不是泾渭分明的上油下水。根据前文原油含水状态分析可以看出,实际油水结构是在油水界面存在一个乳化层,即船舱最底部是游离水,游离水的上方是乳状液(大都呈不透明土黄色),乳状液的上方是原油。船舱取样通常在液位的 1/6、3/6、5/6 处取样,这样的话一般取不到乳状液样品。

游离水测量通常有两种方法。

(1)用试水膏测量游离水。试水膏遇水发生化学反应,水膏颜色会发生明显的改变,根据试水膏的这一特性可以判断游离水的液位。操作过程如下。

把试水膏均匀地涂抹在测量舱底游离水用的铜棒或是油尺的头部(涂抹试水膏的长度视实际情况而定),通过测量管或是可以开启的舱口把铜棒或者是油尺缓慢下放直至其头部触碰到舱底。垂直静止一定的时间(应保证试水膏与舱底游离水有足够的接触和反应时间)后,提起铜棒或油尺,用不含水的航空煤油、汽油或柴油轻轻地漂洗除去表面覆盖的原油,观察试水膏表层变色情况。测量、读取变色部分的长度即为舱底游离水的深度。根据测得的深度,查舱容表计算得出舱底游离水的体积。

使用试水膏测量舱底游离水时,应注意原油是否过于黏稠或者温度是否太高,原油过于黏稠的话,会导致原油粘在试水膏上,使之无法与游离水接触,原油温度太高的话,会导致试水膏从铜棒或油尺上融化、脱落。这都会影响测量结果或是直接导致无法准确地测量舱底游离水。

(2)用油水界面仪测量舱底游离水。原油和水有不同的电导率,原油中含水率的不同,其电导率也不同,根据这一原理,油水界面仪以某一电导率作为基准设定系统就可以测分油水界面。

油水界面仪探头在原油层运动时会发出特定的指示音,一旦测得某一液面电导率达到系统基准设置(即油水界面)的时候,会发出明显不同指示音,此时读取油尺数值,并作记录。一般情况下需重复这一动作3～5次,对读取的舱底游离水测量空距值算术平均,得出最终的测量空距值。

查舱容表,得出舱底游离水的体积。

实际计量时,鉴定人员和船方多采用两种方法结合测量舱底游离水,经常会出现UTI的游离水测量值比试水膏的游离水测量值大。其实与两种方法的测量原理有关。目前标准规范中只是按照油水界面清晰分明这一假设来规定游离水计量的,对乳状液中的含水如何计量并没有明确。虽然这部分乳状液数量不多,但是如果忽略计量,这部分水会计算为油。由于UTI可以帮助我们粗略计量出乳状液中的含水和游离水这两部分的总和,虽然存在一定误差,但比试水膏法则有了很大进步,建议采用UTI测量游离水。另外,如合同中规定采用两种方式的平均值,则可以依照合同执行。最后,可以底部取样器来进行取样,倒入透明容器中静置一段时间,观察油水分层,判定游离水高度。

4.7 船舱计重之计算

VLCC一般都有17个油舱,每个舱测量空距、油温、游离水,一路下来就得花上3个多小时,工作量还是蛮大的。幸好今天天气不错。想想冬天的寒风中和夏日的骄阳下量舱的情景,那感觉……

终于量完了,该有的数据有了,下一步就该计算了。

第一步是数据修正。一是测量的数据确定,液深或空距与液温的数据,按量具检定证书中给出的修正值进行修正,并修约到最小计量单位。二是液深或空距的纵倾、横倾修正计算。当液货舱的测量点不在舱内液面中心点上,且船舶又存在纵倾或横倾时(这个要查看水尺及横倾仪),则应对所测得的液深或空距数值分别进行纵倾、横倾修正。三是游离水纵横倾修正计算,当船舶纵横倾时,测量游离水的测量点又不在液货舱的中心,亦需进行纵横倾修正。上述修正后,查舱容表得出油品体积和游离水体积。同时还要确定油船底部管线里的油品量,分以下几种情况。

4.7.1 全船装一种油品

(1)当管线体积包含在舱容表里,实测空距查舱容表得到的体积量包含了管线的体积。如果管线是满的,不需要加减;如果管线是空的,需要减去管线体积量。

（2）当管线体积不包含在舱容表里，实测空距查舱容表得到的体积量不包含管线的体积量。如果管线是充满的，就要加上管线体积量；如果管线是空的，则不需要加减。

4.7.2 全船装两种以上的油品

4.7.2.1 当管线体积包含在舱容表里

（1）如果管线是空的，则每种油减去各自舱对应的管线体积。

（2）如果管线是满的，则要根据装货顺序和装每一种油使用的管线情况来判断：先装的油，查表体积要加上使用的管线占据的未装货舱的体积，减去未使用的管线占据装货舱的体积；后装的油，加减值与先装的油正好相反。总的管线加减值一定是零（一部分油品混货了）。

4.7.2.2 管线体积不包含在舱容表里

（1）如果管线是空的，则不需要加减。

（2）如果管线是满的，则要根据装货顺序和装每一种油使用的管线情况来判断：先装的油，查表体积要加上使用的管线占据的所有舱的体积（包括装货舱和未装货舱）；后装的油，查表体积加上第一种油未使用的管线占据所有舱的体积。总的管线增加值是使用的管线总体积（不要重复加）。

第二步是根据每个舱内油品的平均温度查体积修正系数。液体的体积随温度变化而变化，因温度变化而使液体体积膨胀或收缩的程度，称为液体的体积修正系数。液体的体积修正系数是指液体在标准温度 20 摄氏度时的体积 V_{20} 与在实测温度 t 体积 V_t 的比值，用英文字母"VCF"表示。其数值可用下式表示：

$$VCF = V_{20}/V_t$$

（注：由于液体体积与温度一般并不成线性关系，此处 VCF 用 $\text{VCF}_{t \to 20}$ 表示可能更为确切。）

石油及其液体产品的体积修正系数可在国家标准《石油计量表》（GB/T 1885—1998）中的表 60A（原油）、表 60B（成品油）和表 60D（润滑油）中查得。因此，对于石油及其液体产品，其在标准温度时的体积 V_{20} 可用下式求得：

$$V_{20} = V_t \cdot \text{VCF}$$

由于我国规定的标准温度是 20 摄氏度，所以我国的标准体积是指 20 摄氏度下的体积，如上面公式中的 V_{20} 所示。

第三步是进行密度空气浮力修正。由于液体在空气中受到浮力的作用，同一液体在空气中的重量比其在真空中的重量要小，两者之差值，就称为空气浮力修正值。通常所说的空气浮力修正值指的是空气浮力对液体的密度修正值，用希腊字母"β"表示。

各国对空气浮力修正值的规定不同。实验表明，空气在温度 20 摄氏度、1 个标准大气压时的密度为 1.2 千克/米^3。有的国家就直接以 1.2 千克/米^3 作为空气浮力修正值。我国对空气浮力修正值的规定如表 4-2 所示：

表 4-2　我国对空气浮力修正值

液体密度范围/（千克/米^3）	空气浮力修正值/（千克/米^3）	液体密度范围/（千克/米^3）	空气浮力修正值/（千克/米^3）
0～465.9	1.2	1 129.8～1 793.5	1.0
466.0～1 129.7	1.1	1 793.6～2 457.4	0.9

除了硫酸和液态烧碱外，其他液体的密度通常在 466.0～1 129.7 千克/米^3 这一范围内，故在进行液体产品的容器计重计算时，一般应以 1.1

千克/米³作为空气浮力修正值。

表4-3是一个舱的计算实例。

表4-3 船舱计重

	测量数据		装前	装后
测量数据	空距/米		空舱	1.135
	游离水/米			0.050
	平均油温/摄氏度			38.5
	船舶尺寸/米	艏水尺/米		8.30
		艉水尺/米		艉水尺:8.65
	船舶横倾/度			0
化验数据	20摄氏度平均密度(克/厘米)			0.8225
	溶解水及悬浮水/%			0.4%
计算过程	空距/米			1.135
	纵倾/米			0.35
	纵倾修正值/米			0.015
	修正后空距/米			1.120
	总观测体积/米			2 358.460
	游离水体积/米			3.500
	毛观测体积/米			2 354.960
	体积修正系数(K值)			0.9831
	20摄氏度毛标准体积/米			2 315.161
	20摄氏度净标准体积/米			2 305.900
	计量密度			0.8214
重量计算	大气中毛质量/吨		0	1 901.673
	含水量/吨			7.607
	净油重量/吨		0	1 894.066

4.8 船舱计重之验空舱

"新金洋"号卸完货后,我又跟着师傅上船验空舱。所谓的验空舱就是检验货舱有无残留液货及计算其重量。

由于船舱内部结构的原因或船舶设备的原因,以及船方操作水平的原因,卸货结束后,常有部分油液残留在舱底,这时需要对各舱内残留的油液进行测量计算以求得其重量,并从油液的船舱计量总重量中扣除。

对于装载了强挥发性货物或卸货后按规定加入惰性气体的船舱,只能使用船上配备的类似于 UTI 的空舱检查设备(实际上是一把卷尺,但采取了与测量管口对接以致密封的设备),按照船舶舱容表中标明的每一舱高,逐一下尺触碰舱底后立即回卷,记录尺端残留液体的液深。

一是由测深管测量残液深度。

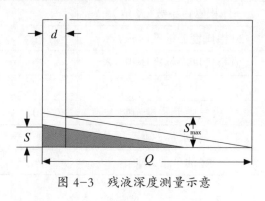

图 4-3 残液深度测量示意

当舱内存液呈楔形,即满足:$S \leqslant S_{MAX} = (l - d)\dfrac{T}{L}$ 则其体积可按下式计算:$V = \dfrac{\left(s + d\dfrac{T}{L}\right)^2 bl}{2T}$

式中,S_{MAX} —— 最大液深值(米);

S —— 实测液深值(米);

V —— 楔形体体积(米³);

d —— 测深管至后舱壁距离(米);

T —— 船舶纵倾值(米);

b —— 船舱宽(米);

l —— 船舱长(米);

L —— 船长(可用两垂线间船长代替)。

二是由空距孔测量残液深度。

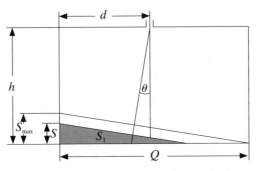

图4-4 由空距测量舱内残液示意图

当舱内残液呈楔形,测量位置由空距孔上缘测量,由于船舶卸载后呈纵倾状态,量油尺触及舱底的位置不在下部基准点上,船舶纵倾越大,这个距离就越大。因此由空距孔测量的残液深度的楔形修正公式与由测量管测得的修正公式有所不同。

当舱内残液呈楔形,即满足:

$$S \leq S_{MAX} = l\frac{T}{L}$$

则其体积可按下式计算:

$$S = (H\frac{T}{L} - d) + S_1$$

$$V = \frac{S^2 bL}{2T}$$

式中, S_{MAX} —— 最大液深值(米);

S_1 —— 实测液深值(米);

V —— 楔形体体积(米^3);

d —— 空距孔至后舱壁距离(米);

H —— 船舱高(米);

b —— 船舱宽(米);

l —— 船舱长(米);

T —— 船舱纵倾值(米);

L —— 船长(可用两垂线间船长代替)。

各舱卸货前(或装货后)舱内的液货重量减去卸货后(或装货前)舱内残留液货重量,所得之差的总和即全船实际卸出(或装入)液货的重量。

这次检验的是原油,对凝固点较高的动植物油脂(如棕榈油在30摄氏度左右,牛羊油在40摄氏度左右就开始凝固)。卸油中,船方采用其他舱内的热油通过洗舱机,冲刷舱壁、舱侧与舱顶,使部分凝固油液受热油冲刷下淌及由船方或收货人派员入舱擦拭收集。由于油液卸载,液面下降,液温相应降低,不但会在舱底聚积较多的凝固油液,且舱外侧(船壳)受舷外港水温度的影响,并残留一定数量的凝固油液。这些凝固油液原则上应由人工下舱掏净卸下计量或过重,并从总的船舱重量中扣除,以区别原装短少与清舱不净而短少。

4.9 船舱计重之应注意的问题

船舱计重大概的程序就是这些。师傅说,在实际工作中还是有很多需要注意的问题。

（1）注意船方测量操作人员做手脚。

①到达预定液位时故意停尺,等液位波峰接触探头,取空距最小值。

②温度测量时,未在规定液位（一般底部油温较低）。

③温度计示值未稳定即读数。

④游离水测量时,不均匀涂抹试水膏,涂得过厚,到底后未达到足够时间即提尺（应至少停留30秒）。用喷壶清洗表面油层时喷射过于用力,致使试水膏变色层脱落。

⑤干舱测量时未放到底（到底时,一定要亲自提尺试一试；注意尺锤底部是否沾油；每测完一个舱,要把尺锤底部擦拭干净）,注意区分油和油渣。

（2）注意船方是否虚报吃水数,有条件的要亲自查看水尺,至少也要看一下水尺仪、横倾仪。

（3）测量用UTI与装港是否一致？有无检定证书？

（4）注意核对装港空距报告（各舱空距、油温变化是否合理,游离水变化情况,管线量加减是否正确)。

(5)取样时要按标准操作,使样品具有代表性。

(6)会签报告时,注意该加的备注要加,不能让船方加不合理或与事实不符的备注。

(7)遇到小的争议尽量与船方友好协商解决;遇到较大的争议要及时通知委托人。

总而言之,船舱计重是一个需要非常仔细的工作,很多容易忽视的关键点都会对最终的重量有所影响,对于我来说,这只是容量计重的一部分,还有更多的新知识等着我呢。

加油,我暗暗鼓励自己。

4.10 岸罐计量

从大油轮上鉴定完毕，走在回去的路上，师傅打电话说，明天去做岸罐计量，做储罐检尺。心中有点打鼓，怎么做岸罐计重检尺呢？赶紧回去翻一下资料，提前做好准备。

容量计重工作是通过对国家计量部门精确标定的计量容器（如岸罐、油池、油轮油舱等）或标准定量容器内所载散装液体货物的测定，包括测定货物的深度/空距、温度等数据，作必要的技术校正，然后依据检定准确的容量计量表，结合货物的密度，计算液体货物的重量。岸罐测量也是容量计重的重要部分。

储罐检尺就是人工爬上计量罐罐顶，通过量油尺、温度计、取样测得罐内液体的深度/空距、温度及密度，依据此罐容量计量表查得罐内液体体积，做必要修正后，得出罐内液体的重量。检验检疫机构根据国标惯例，规定容量计重的允许误差，计量器具准确度应为2.0‰，静态计量系统误差应为3.0‰。

岸罐计重需要注意很多安全因素。遇恶劣天气，如七级以上大风、雷电、大雨、大雪等，应暂停测量工作。进入码头、罐区及登轮，应遵守罐区及船方有关防火、防爆安全规定。登及油罐作鉴定时，应穿着防静电服和防滑、防静电鞋,使用防爆电筒或防爆灯照明。登罐前应用手触摸金属物(如铁梯)以消除静电。测量时,应站在计量口上风头。对腐蚀性货物、有毒货物计量时,应使用透明面罩,防腐鞋、防腐服,戴防护手套。

岸罐计量需要具备许多必要条件,符合要求的岸罐我们才能去鉴定。

计量岸罐必须经有资质的国家计量部门标定,并有在有效期内的罐容表,罐容表已到所在地检验检疫部门备案。岸罐检定、结构或管线改变时,事先应向所在地检验检疫部门报告。

罐区具有扫线设备,扫线压力符合要求。初次使用或罐区布置有变化时,可选一段管线,计算体积,试验扫线效果。泵浦、管线、阀门等布置清楚,能够通过对阀门施封,防止旁流、串罐。罐区管理规章制度健全,执行良好,配合检验鉴定工作。

工作中也要注意以下几点。

检尺前应查明输油管线内存油情况,使其在输油前、后保持相同状态。浮顶油罐计量时,应在浮顶全部起浮状态下测量。在检尺前,浮顶上不应有积雪、积水和其他杂物。

岸罐计量时,对于不是单罐单线的罐区,应对相关的管线阀门关闭并加封。了解库(港)方关于油罐内油温状况。如罐内重质油品因温度原因近于凝结,应建议其设法加温,达到适于准确测量的油温。

测量应做到下尺稳、触底轻、读数准,当尺锤触及罐底或舱底的瞬间即可提尺。检尺应连续测量 3~5 次,取其算术平均值。如连续两次测量值相同,则取该值。岸罐计量测量差值连续 2 次以上超过 2 毫米时,应暂停测量。

了解到这些,我对明天的岸罐计重有了初步的信心。

第二天，我和师傅整装完毕，爬上了高高的储油罐，在罐顶上的测量口按照公司岸罐计重的规范标准要求，逐步进行检尺。检尺结束后，我们根据港区提供的图表，进行计算和审核，发现与船舱计重存在差异，这怎么办，让我们来了解一下吧。

岸罐的计量检定有效期一般为四年，计量精度可达5‰以上。计量岸罐有相应的配套设施，如输液管线、泵浦及其辅助设备。输液管线的敷设要规范化，管线在输液前后不能保持一致，即不能做到空或满，就不能作为容量估算的依据。

岸罐计量产生误差的主要原因如下。

(1) 测量误差。

液体货物进入岸罐后，短时间内在罐内沿罐壁做旋转离心运动，其液面还未能静止下来。离罐壁越近液面越高，离罐中心越近则液面越低。计量岸罐的测量基准点往往都设在罐顶部近罐壁处。由于液面稳定时间不足，往往会多量了液体深度，从而多算液体重量。一般来说，24小时以上稳定以后再测量为最佳。

主观测量误差是由于测量人员的熟练程度不同、测量手势轻重不同造成的。在测量过程中，量油尺在快接近罐底时，要慢，要轻，否则会造成量油尺弯曲，而多测液深。检测前，要了解实测岸罐的总高度，以核实是否真正测到罐底。有些罐底会留有不慎丢失的温度计，折断的量油尺的外来物，而不能测量至罐底部，造成少量液深的误差。有些液体货物在贮存期间由于保温不善，致使罐底货物凝结，而无法测得真实液货深度，无法计重出证，从而丧失索赔机会。

（2）岸罐自身误差。

①建造施工原因。在施工过程中，由于未能将罐底基础打好或由于罐底基础土质差，如在原先为山河、池塘的地方建罐，长期使用后，罐身会发生倾斜，而造成误差。

②罐底钢板强度不够原因。经长期使用后，往往罐底变形，在空罐时，罐底会向上凸起，而满载后，罐底又会向下凹陷，造成货物装前后的误差。罐底变形小，其计量结果影响小，反之就大。罐底发生变形，一时难以发现，可用罐罐对比，罐驳对比方法来核对。

（3）温度测量误差。

①纵向误差。在通常情况下，液体货物温度在岸罐中，其上、中、下部不相一致。其液温受地表温度和大气温度的影响而发生变化，随着季节的变化而变化，特别是盛夏和寒冬，温差悬殊。在夏天，罐底温度要比罐中、上部温度来的低，而冬天则高，上下罐内温度差可高达10摄氏度以上。所以必须同时对罐内上、中、下三部分的液货同时测温，所测结果，加权平均，求取代表性温度。

②横向误差。罐底向阳面、背阴面、受风面、背风面，在同一地表和大气温度下，其罐内相应位置液温都会发生差异。特别是大容积岸罐在冬夏季变化更为明显。因此，在今后对岸罐计量时应至少增加一个以上测量点，以减少横向液温测量误差。

（4）输液管线误差。

管线铺设规范与否，直接影响计重。岸罐在输液前后必须保持管线处于同一状态，即空管线或满管线。经实地检查，输液管线不外乎以下三种状态。

①空管线。一般在输液结束后,根据液体货物不同特性,可用水、压缩空气、蒸汽或氮气对管线进行全程吹扫,把残留在管线内的液体货物吹扫到岸罐或者油轮油舱内。检查方法,可打开设在全程管线最低点的管线底部阀门,观察是否有液体货物流出,有即未空。也可用硬物逐段敲击管线用声响判断管线是否打空。

②满管线。输液前,管线用岸罐内液货压满或者泵浦打满。检查方法,打开设在码头输油管线顶部的阀门,观察是否有液体货物流出,有即压满,反之,不满。

③半满管线。管线处在半满半空的状态时,鉴定人员不能进行计重。因为残留在管线内的液体货物重量为一不明数,必须进一步整理管线,否则误差很大。

④特殊情况。输液管线在输液前后不能保持一致状态,但能做到前空后满,或前满后空,也可用计算管线容积的方法,加减岸罐容积或船舱容积进行计算。管线容积 $= \pi R^2 \times L$。式中,R 为管线内径,L 为管线长度。罐区内管线纵横交错,阀门比比皆是,所以在输液前,必须对管线及有关阀门做全面核对,以防输液过程中发生跑、冒、滴、漏,开错阀门影响结果。

(5)液货中混有外来水引起误差。

在实际工作中,液体货物中往往会混有一定数量的外来水,如原油、汽柴油等矿物油中混有一定数量的外来水,究其原因,主要有以下几点。

在装货港装货时混入;货物生产过程中业已存在;航行途中遭遇意外海事,海水混入油轮油舱中;卸货结束后,用水扫线造成大量外来水进入岸罐,对待部分外来水,应视当时情况区别对待,做到认真、妥善处理。

动植物油、矿物油等液体货物中的外来水,经油水分离后,测定游离水深度，计算出游离水重量，然后从货物重量中加以扣除，但分离时间越长，分离越彻底，计量结果则越准确。

一般情况原油输液管线较长，其口径也较大，对管线无法用压缩空气扫线，需用大量的热水，方能达到扫线目的。但在扫线的同时，有大量的货物和水进入岸罐中。由于贮存原油的岸罐容积大、油液深，用量水膏测定游离水深度困难大。虽经反复多次测量，但效果不佳。解决方法可采用放罐游离水的方法，即在测量前，预先把罐底已分离的淡水放出后，再进行测量计算，效果较好。游离水往往多达几百吨。

对那些一时无法从液体中分离或根本无法分离的外来水，可抽取样品，测量含水量，然后根据合同规定，从货物重量中扣除超额水分的方法予以解决。

通过理论知识和实际操作的学习，我才真正体会到在浩瀚的知识海洋里，我们是多么渺小。作为一个检验鉴定人，在前行的路上也一定会遇到各种困难，但也正是这些困难和在解决困难的过程，让我们历练成长！

"宝剑锋从磨砺出，梅花香自苦寒来。"我禁不住开始期待未来那一个个不同寻常的检验现场了。

5 营养物质检测

食品检测项目范围包括理化指标（如颜色、气味、pH、水分、灰分、酸值、过氧化值、碘值、密度、灼烧残渣、干燥失重、蒸发残渣、高锰酸钾消耗量）、安全卫生检测、营养成分检测等。其中，安全卫生检测包括农药残留检测，如对有机氯农药、有机磷农药、菊酯类农药、氨基甲酸甲酯类农药残留的检测；重金属检测，如对铅、汞、铬、镉、砷等元素的检测；有毒有害物质检测，如对亚硝酸盐、三聚氰胺、苯并芘、黄曲霉毒素、二氧化硫、赭曲霉毒素A、二氧化硫残留、容积残留量、丙二醛、聚氯联二苯、多溴联苯、壬基苯酚、磷酸三苯酯、多氯化萘的检测；微生物检测，如菌落总数检测、真菌鉴定、细菌鉴定。

食品的营养物质是人体从食品中所能获得的热能和营养素的总称，包括宏量营养素、微量营养素和其他成分。食品的营养物质检测主要包括碳水化合物（总碳水化合物、单糖、二糖、低聚糖、多糖）、脂肪（甘油三酯、脂肪酸、脂蛋白）、蛋白质（总蛋白、氨基酸）、膳食纤维（总膳食纤维、纤维素/半纤维素、果胶/树胶、木质素）、维生素（水溶性维生素、脂溶性维生素）、无机盐元素（钙、铁、锌等元素）等的检测。

5.1 初识实验室

因为公司业务发展的需要,我被领导安排到了实验室,准备从事食品农产品营养指标的检测工作。

之前,我一直在港口前沿主攻货物的检验、鉴定,以为有着长期经验傍身,可以轻松一些。但是对实验室检测了解较少,在我的认知里也就对取、送样熟悉些。

现在,要去实验室做检验、鉴定的后续工作。说心里话,真有点忐忑,颇有"赶鸭子上架"的感觉。不过领导说了:"时代在发展,社会在进步,未来没有一成不变的事业。你们这些年轻人就该多多经历不同的岗位,熟悉不同的业务,不断提升自身素养。"

在领导的鼓舞下,我满怀信心地到实验室报到了。为了让我尽快适应实验室工作,公司指定了一位老前辈做我的师傅,手把手地指导我做实验。

刚一见面,师傅就对我说:"千万别小看检测工作,它可是对现场检验、鉴定业务最关键的技术支撑。号称华人版福尔摩斯的李昌钰屡破奇案,可不是仅凭双眼就能办到的,他也离不开实验室的精密检测。目前,涉及进出口货物品质的检验、鉴定还需要通过实验室检测来获取准确数据,从而支持贸易双方以此来进行贸易结算。当然检测还有很多其他价值,以后你会慢慢了解。想干好这个活,当务之急是先了解实验室的管理要求和熟悉实验室检测的基本流程。"

师傅带我参观了实验室。这一圈转下来,给我的感觉就是场地大、仪器多、技术先进,而且检测业务供不应求。师傅看我一脸的惊讶,笑着给我介绍道,"整个实验室使用面积1000多平方米,包含三个国家重点检测实验室。目前检测科室是按照项目特点设置的,有微生物、理化、营养、重金属、农、兽残、基因等10多个检测科室,检测人员近200人。目前拥有CMA、CNAS双认证认可资质,有资质的检测项目达12 000多项。"

在参观的过程中,我对实验室有了初步认识。

首先是了解了实验室的管理要求。实验室为了确保检测结果的准确性,内部管理非常严格。不仅对可能影响检测结果的人、机、料、法、环做了明确规定,日常工作更是严格按照ISO17025实验室管理体系要求运行。

比如,非实验人员不允许进出实验室,实验人员进出实验室必须有授权;进实验室前要换拖鞋并穿上实验服,实验人员进行检测时必须带上防护口罩和手套以确保人身安全,常开通风机保持室内空气清洁;实验仪器和实验试剂由实验人员妥善保管、定期检查,确保实验仪器的正常运作和试剂质量符合实验要求。实验室的卫生清洁由专人负责,内部区域归实验人员负责,以保证实验器材随时可用;实验废品、废液统一收集、处理;作为实验人员还应对实验结果保密,这是职业操守;实验完成后,留样都要保存一段时间以备复检。

师傅还自豪地告诉我:"检测和检验、鉴定工作不太一样,检验、鉴定工作要抛头露面,必须在现场作业,不仅作业要规范,还需要沟通现场、联系客户,而我们则充当"幕后英雄"。等样品送到实验室后,按照实验室的工作流程,按部就班地操作即可。实验人员原则上只与样品、瓶瓶罐罐(仪器设备、试剂耗材,实验室人员喜欢称"瓶瓶罐罐"来代表)打交道,很少与委托方或者第三方直接交流。

其次是熟悉并基本掌握了日常承接检测业务的流程。市场化检测服务流程大致为:①窗口受理客户委托,进行专业化地合同评审,合同评审的主要部分是能否满足委托方的检测需求;②评审通过后,报验人员接受委托样品并在 LIMS 系统上完成样品信息上传;③集中传递样品至实验室;④实验人员开展检测,一般包括样本的接收,样品预处理,样本的存储,提取样品中的被检物质,被检物质的测定,结果分析,登记结果形成报告、档案留存等等;⑤打印报告发送给客户。

师傅讲了这么多,我的体会主要有以下 4 点。

(1)实验室为了追求检测结果的准确性,对人、机、料、法、环进行了严格的管控。

(2)实验室检测仅对来样负责是检测行业的基本要求,这也符合抽检分离的基本原则,能够最大程度上保证检测结果的公平、公正。

(3)合同评审必须搞清楚客户的检测目的,有的项目没有资质,而客户只想要个检测结果作为参考,就不需要出具加盖资质认定标志(CMA)和实验室认证认可标志(CNAS)的检测报告(图 5-1)。

图 5-1 资质认定和实验室认证认可标志

（4）所有样品都应贴上标签，标记实验室编号（保证样本可溯源）。该编号是检测环节的唯一识别码，所有样品对检测人员来说都是盲样，这样才能保证不会对检测人员产生主观上的干扰。

经过一天的学习，感觉收获满满，让我更加坚信自己可以胜任这份工作。

5.2 食品中的水分怎么测?

昨天主要是实验室基本知识学习,比较轻松,今天要迎来我人生中第一项检测指标的学习与操作——测一下火腿肠中的水分含量。

师傅说:"做实验,首先要有合适的检测方法。这个项目用《食品安全国家标准 食品中灰分的测定》(GB 5009.6—2010)(现已被 GB 5009.6—2016 取代)来做就行。其中的直接干燥法最常用,适用于绝大多数食品样品中水分的测定,也包括今天的火腿肠样品。其原理是利用食品中水分的物理性质,在 101.3 千帕(一个标准大气压),温度 101 ~ 105 摄氏度下采用挥发方法测定样品中干燥减失的重量,包括吸湿水、部分结晶水和该条件下能挥发的物质,再通过干燥前后的称量数值计算出水分的含量。这个方法用到了电热恒温干燥箱,操作简单易上手,按照使用说明再结合标准要求做就行。"

师傅先带着我走了一遍电热恒温干燥箱的使用。掌握使用方法后,我就开始研究标准,把实验步骤一一分解,之后就按部就班地照着操作,而师傅全程跟着我,静静地看,啥也不说。

等我做完实验,算出水分含量为 59.3 克 /100 克。师傅看了眼结果,跟我说:"悟性还行,操作做得不错,但是有两个地方没做好。一是分析天平的使用存在问题，二是未做平行实验。先说分析天平。必须在天平室关着门操作，因为食品农产品涉及营养指标检测的，其结果都是痕量级的，其称量精确度在毫克级别，有一点风吹草动都会导致结果偏差很大。你使用分析天平的时候操作动作太大，使得天平内空气流动加剧，从而导致称量误差变大，最终影响检测结果准确性。做实验的细节需要注意，一定严格按照标准或者作业指导书来执行。再说一下平行实验，目的是防止检测数据与实际数据偏离太大，一般会平行做3次实验，检测结果再舍弃偏离数据后取平均值。如果3个结果之间差异很大，那就要分析原因，找出问题，解决后重新检测。今天时间还早，把这两个地方整改一下，再做一遍。"

我重新做了实验。三次平行的结果分别是64.9克/100克、65.1克/100克、64.7克/100克，取平均值为64.9克/100克。与之前测的数据对比，确实存在较大差异。此时此刻，我真正感受到了"态度决定一切"。

5.3 食品中的无机物怎么测?

昨天忙碌了一天,但是很有成就感,睡觉很香甜,今天继续学习新的检测项目。之前领导要求师傅尽快把我教会,所以昨天下班的时候,师傅说今天准备教我新的检测项目。

一上班,师傅问我:"知道食品中的无机物怎么测吗?"

"不知道!"

"《食品安全国家标准 食品中灰分的测定》(GB 5009.6—2010)(现已被 GB 5009.6—2016 取代)是用来测食品中的无机物的。食品经高温灼烧后所残留的无机物称为灰分。通过称重,计算得出食品中无机物含量。这个方法因为用到了马弗炉,所以这个方法又被称作马弗炉法。下面,我们按照标准来测一下火腿肠中的灰分含量。"

这次,师傅带着我一起做实验,告诉我做这个实验需要注意的事项。我一边儿操作,一边儿思考,听着师傅地细心讲解。

师傅说:"灰分指标可以评定食品是否被污染,是否混有杂质或在加工过程中可能混入一些泥沙等机械污染物。同时无机盐作为六大营养素之一,也是评价食品营养的重要参考指标。"

整个实验大致流程是称样→小火加热,充分炭化→马弗炉灼烧→降温→放入干燥器冷却,称重→重复灼烧至恒重,计算灰分含量。

师傅在对我的指导过程中,重点提到了以下细节。

(1)炭化时,应注意控制温度,防止着火或产生泡沫溢出坩埚。先用小火在电炉上炭化,并将坩埚盖半盖坩埚,以便氧气进入及二氧化碳、水汽等逸出,避免易燃样品炭化过程中碳粒溅出。样品产生大量浓烟后,再转为大火烧至试样完全炭化。关火,温度下降后,再移入马弗炉。若样品不经炭化过程,直接灰化易使样品发生熔融,造成灰化不彻底。

(2)灰化时,马弗炉内各处温差大。同一时间测定时,坩埚不宜放置太多,应放在炉膛的中间部位灰化。当灰分中不再有黑色炭粒残留、颜色为白色或浅灰色,说明灰化已结束。称重并重新灼烧30分钟后,一般都能达到恒重。

(3)灰分吸湿力强,长时间接触空气会影响测定结果,所以冷却与称量时均要盖上坩埚盖,且动作要迅速。

(4)从高温炉中取出坩埚后,应避免坩埚骤冷破裂。灼烧后应将坩埚冷至200摄氏度以下再移入干燥器,以免干燥器内形成较大真空,盖子不易开启。

这些细节如果没有老手传授的话,估计要走很长时间弯路。最终,在我们两人的配合下,测得火腿肠的灰分含量为4.31克/100克。

灰分的检测过程充满了对细节的把控。感觉检这个项目就像小时候打游戏一样,要不停地避"坑",稍不注意就会掉"坑"里,再重新来过。

晚上好好睡一觉,让自己变得更有耐心。

5.4 测食品中最重要的营养物质

一觉醒来,快 8 点了,赶快去单位,看看今天做什么检测项目。

师傅早就在等着了,看见我来,眯眼一笑,说:"今日的检测项目可就有意思喽! 测食品中最重要的营养物质,你猜是什么?"师傅卖起关子来,也挺可爱啊!

"难道是蛋白质?"

"嗯。猜对啦!"

"做蛋白质的检测,要用最经典的方法 —— 凯氏定氮法。其原理是食品中的蛋白质在催化加热条件下被分解,产生的氨与硫酸结合生成硫酸铵。碱化蒸馏使氨游离,用硼酸吸收后以硫酸或盐酸标准滴定溶液滴定,根据酸的消耗量乘以换算系数,即为蛋白质的含量。该方法适用于各种食品中蛋白质的测定,但不适用于添加无机含氮物质、有机非蛋白质含氮物质的食品测定。你知道为什么在《食品安全国家标准 食品中蛋白质的测定》(GB 5009.6—2010)(现已被 GB 5009.6—2016 取代)中要加上适用范围吗?"

"这太专业了,我可不知道。"

"这跟当年的三聚氰胺事件有关。三聚氰胺就是有机非蛋白质含氮物质,属于化工原料,非食品添加剂,无色无味。有人通过长期观察发现,奶站收生牛乳的时候是按照蛋白质含量高低来判断其品质并支付相应价格的。而生牛乳蛋白质的检测所采用的方法就是凯氏定氮法，测其中的氮含量再乘以系数换算成蛋白质的量。检测结果高的生牛乳属于优质奶源时，被当作婴幼儿配方奶粉的生产原料流向下游的加工厂。他们就想到了把三聚氰胺添加到生牛乳中，来提高其"蛋白质"含量。最后，很多含三聚氰胺的牛奶被加工成婴幼儿配方奶粉流向市场，导致了很多婴幼儿患上肾结石，严重的还发生了肾坏死。"师傅摇了摇头，接着说："生产食品还是要讲良心！我们检测蛋白质就是要保证食品中的营养物质达标，特别是婴幼儿配方奶粉，添加了三聚氰胺会导致婴幼儿身体出现问题。而蛋白质含量不够的话，也会导致'大头娃娃'的现象出现。"

师傅看向窗外，沉默了一会儿，说："回到检测上来，该方法用到了定氮蒸馏装置。这个实验成功的关键是配制标定溶液和混合指示液。你准备一下开始测火腿肠中的蛋白质含量吧。"

虽然之前没有做过检测，但是在大学上化学课做实验时有做过溶液配制和滴定溶液。结果今天一操作就被师傅骂得狗血淋头："容量瓶都不会用！上化学实验课的时候，认真听老师讲了吗？容量瓶摇匀的时候，用三根手指托着，不是整个手掌含着，水都叫你捂跑啦！"让师傅说的心里一阵紧张，后面又陆续出现了一些小失误：比如用移液管的时候，手不停地颤抖，手指都堵不住管口，搞得实验桌上洒了不少液体；接氮气的时候还不小心错过了指示剂的终点。

今天这实验做得是真不顺心！

最后还是师傅让我在旁边看着，他亲自做了一遍实验，最终测得火腿肠中蛋白质含量为 10.38 克 /100 克。实验结束后，师傅给我布置了任务，做个领用记录，把移液管带回去，练习移液，主要是把心态放平和，用心掌控身体，凡事要稳不要急！

5.5 脂肪只能粗着测

昨天，用移液管练了一晚上的移水，最后练得是食指抽筋、前臂麻木，还好基本上操作没问题了。很期待今天的检测！

可是，等我赶到实验室，转了一圈，也没找到师傅。有同事说，你师傅出去办事了，让你照着标准再做一遍蛋白质含量检测。经过昨天的洗礼，今天驾轻就熟，很快就把实验做完了，我测得数据是10.52克/100克，在精密度要求范围以内。

做完实验不久，师傅就回来了，先问我实验做得怎么样。我把结果拿给他，终于在他脸上看到了笑容。

师傅说："怎么样？检测这活不太好干吧？"我苦笑着，点了点头。

"没事，做多了就好啦。今天我们用《食品中脂肪的测定》(GB 5009.6—2003)[现已被《食品安全国家标准 食品中脂肪的测定》(GB 5009.6—2016)取代]来测火腿肠中脂肪的含量。这又用到一个经典方法——索氏抽提法。该法原理是将试样用无水乙醚或石油醚等溶剂抽提后，蒸去溶剂所得的物质即为粗脂肪。所谓抽提就是反复浸提的意思，说得通俗一些就是相似相溶，用脂溶性溶剂不断地把脂肪溶解出来。这个实验也很简单，先将火腿肠搅碎移入滤纸筒，再放入组装好的抽提装置中,加入无水乙醚或石油醚并加热,使溶剂不断冷凝回流提取,最后再干燥称重即可。你好好照着标准做吧!"

在师傅的指导下,我做实验的水平以肉眼可见的速度提高。这次,我按照标准要求并结合现有的操作经验,轻松完成了火腿肠中脂肪含量的测定,最终结果为13.38克/100克。

师傅看着我实验做得不错,就跟我说:"这段时间你就安心地做这四项营养指标,好好磨炼自己,尽快提升操作水平。"

图 5-2　青岛检验认证有限公司工作人员正在进行粮谷(玉米)感官检验

5.6 新的挑战

转眼一个多月过去,我把水分、灰分、蛋白质和脂肪这四个项目做得滚瓜烂熟,受到了师傅的表扬。不过,相比即将承接的检测任务,前面这些经历都只是开胃菜。

今天,师傅主动过来找我,说:"有个客户想做干海参中海参多糖含量的测定,目前国家和行业内都还没有统一的检测标准,你有没有兴趣当个课题,参与研究一下?"还未等我回答,又说:"这可和你之前一直在做的检测不同。之前的检测是有权威标准的,照着做就行。这个项目需要自己建立合适的检测方法。"

这个工作感觉有点意思,可以体验一下建立检测方法的全过程,很有挑战性。我不假思索地回复:"好呀!"

师傅接着说:"这几年,老百姓有钱了,想吃点对身体好的东西。而海参就有很好的滋补效果,市场也认。有很多客户想通过测定海参中的海参多糖含量来宣传自家的产品,因为它是最能反映海参营养价值的指标。所以我也一直在关注这个项目,可是国家迟迟没有发布相关检测标准。这次,这家企业为了测出自家产品的海参多糖含量,不惜血本来找我们开发检测方法。接下这个任务,不仅能提升我们自己的检测技术,还能帮助客户解决技术难题,多好的事啊!"

然而,万万没想到,正是这个检测方法的建立让我后来彻夜难眠,险些抑郁。

5.7 遇到挫折

接下来，我跟师傅开始着手建立海参多糖的检测方法。师傅说："建立检测方法的第一步就是先查找现有的文献，了解相关项目的特性及检测方法的研究进度，再引用过来加以改进。经过科学验证后，就能作为实验室方法使用，申请专利。以后这个方法用得多了，还有可能申请成为地方标准行业标准或者国家标准。"

经查询，海参多糖属于水溶性多糖，是海参体壁的重要组成成分，其含量可占干参总有机物的 6% 以上。其相对分子质量在 40 000 以上。

多糖检测常用的方法为苯酚硫酸法和蒽酮硫酸法。其中，苯酚硫酸法是原卫生部推荐测定所有样品中多糖含量的标准方法。因干海参本身具有一定的功效作用，因此选择《保健食品中水溶性粗多糖的测定方法》来研究是否能用于该类样本的检测。其原理是相对分子质量大于 10 000 的多糖，经 80% 乙醇沉淀后，加入碱性铜试剂，选择性地从其他高分子物质中沉淀出葡聚糖。沉淀部分与苯酚 – 硫酸反应，多糖在强酸的作用下水解生成单糖，并迅速脱水成糠醛。糠醛与酚性物质如苯酚缩合生成有色化合物，在 485 纳米条件下有色物质的吸光值与葡聚糖浓度成正比。用到的主要仪器是紫外 – 分光光度计。

我们实验室能满足这个方法对海参多糖的测定，赶紧准备实验吧。

首先建立标准曲线。师傅要求本着尽信书不如无书的原则，让我对《保健食品中水溶性粗多糖的测定方法》的所有步骤均重现一遍。我先用紫外–可见分光光度计对葡聚糖与苯酚–硫酸反应后的有色化合物最大吸收波长进行了确认，发现其在488.73纳米处有最大吸收峰，与方法描述的不完全一致。见下图。

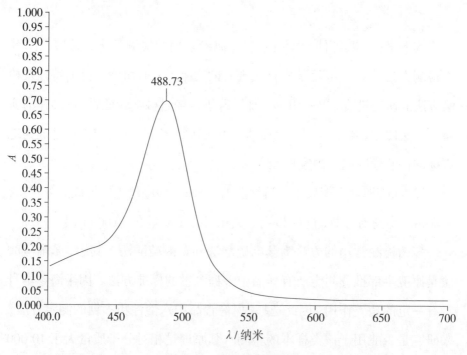

图5-3　多糖检测峰值

在此基础上，建立了苯酚硫酸法测定海参多糖的标准曲线$A=4.5013x+0.001$，其中，A表示488.73纳米下海参多糖的吸光值，x表示葡聚糖标准应用液的浓度（毫克/毫升），$R_2=0.9997$，其为一直线。见下图。

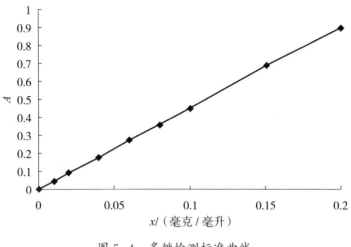

图 5-4　多糖检测标准曲线

有了标准曲线,再按照方法对样品进行预检测。首先,对样品进行前处理。第一步是从样品中提取多糖,称样加热溶解,过滤留清液待测。

这一上手就有问题了。将干海参切段称取 2 克,用水煮了两个多小时,却明显感觉多糖的溶解效率不高。

这是怎么回事?怎么办呢?去找师傅还是靠自己?

自己先想想吧,毕竟现在也算是懂检测的专业人士。于是,我开始回忆之前做过的实验,突然灵光一现:是不是这个方法本身针对的样本粒度都比较小,有利于多糖的提取;而我切段的干海参粒度过大,不利于水对多糖的溶解?嗯,先试试把粒度降下来。

说干就干。我拿来均质机,把干海参放进去,又加了少量水,把它搅成了肉泥,经过滤干燥后,再称重 2 克,用水煮。结果发现相同时间里,容量瓶中的液体颜色深了近一倍。

完成了前处理方法的改进,我心里别提多高兴啦,情不自禁地哼起了小曲。

继续实验,沉淀粗多糖、沉淀葡聚糖以及多糖含量测定,这几步都进行得很顺利,没有出现异常情况。最终检测结果出来了,样品中海参多糖的含量为 368 毫克/千克。

这个实验也太简单了吧?是不是哪个环节存在没发现的问题?我把实验室结果拿给师傅看,师傅淡淡地回了一句:"不错,今天先这样儿,晚上好好回顾一下今天的实验过程,明天再做一遍。"

一夜好梦。第二天我又按照昨天的实验步骤做了一遍。然而,做出来的检测数据却让我大跌眼镜,样品中海参多糖的含量为 2 019 毫克/千克,和昨天的数据相差近 10 倍。

到底是什么地方出问题了?是不是有一些瓶瓶罐罐没清洗干净?是不是哪个步骤没按要求来?

沉下心来思考了一下,决定今天先不跟师傅汇报了,明天再做一遍。

回家后躺在床上,回忆起当天的实验过程,隐约觉得自己有些地方做的不规范。可能是之前做的结果太容易,心里有些大意,心想明天再好好做一遍。

可是事与愿违,后面连续三天测得的海参多糖含量分别是 3 109 毫克/千克、4 208 毫克/千克、467 毫克/千克,数值不稳定,偏离很大。

我忐忑地拿着这几天的检测结果去找师傅。师傅看了看结果,说:"数值偏离这么多,看来你的基本功还没掌握好。做实验一定要严谨!回去想想自己哪个步骤没做到位,明天再做一遍。"

晚上躺在床上,彻夜未眠,感觉自己都是按照标准要求来做的,没什么问题。唯一有问题的地方是对沉淀的洗涤,可能出现一些操作不当的

5 营养物质检测

地方,于是暗下决心明天再做实验的时候一定要注意。

第二天正好是周末,无人打扰,可以连着做两天的实验,把沉淀洗涤这一步把握好,看看检测结果,周一一并汇报给师傅。

连续三次实验的检测结果出来分别是 7 300 毫克/千克、2 265 毫克/千克、2 389 毫克/千克,还是存在很大的偏差。本来我对自己这两天的操作过程很有信心,这下彻底迷惑了。

我这两天晚上躺在床上,闭上眼睛就在思考第二天怎么做实验,睁着眼睛就会浮现白天的实验过程,几乎彻夜无眠,耗尽精力,心力交瘁。

周一再把结果拿给师傅看,师傅阴沉着脸说:"看来这个方法还挺难掌握的,我跟着你一起再做几次。"

接下来的两天,师傅跟我一起做实验,按照之前的步骤,测出来的结果分别是 256 毫克/千克、5 125 毫克/千克。这次师傅也很困惑。而我也因为最近高度的精神紧张、持续的不眠不休,再加上实验进行的不顺利,身体开始不舒服,出现背疼、腿疼、屁股疼的症状。跟单位请了一周的假,去医院做检查,让这个实验先按下了暂停键。

医生说我身体没什么事,就是有点轻度抑郁,给开了一点儿抗抑郁的药物,在家休养。

我在家休养的这几天里,师傅也没有闲着。他仔细研究了我做实验的全过程和检测方法所表述的内容,进行了详细比对,有了初步判断,认为我的操作步骤没有问题,有可能是方法问题。于是,他通过几个朋友联系上了撰写这个检测方法的专家。一番沟通下来,专家说,这个方法在洗涤沉淀时操作不佳时易导致结果重现性差。这一步对操作人员要求极高。

有了结果,师傅马上给我打电话,把情况反馈给我。他语重心长地对我说:"做好检测最重要的是要学会依靠标准或者资料,而不是依赖它们。它们属于框架式、流程化的东西,有些细节还需要在具体实践中自行摸索,而且有一些标准是存在陷阱的。标准拿过来,一定从头到尾重现一下,再结合实际,动脑筋改进,转化成自己的东西。当年,我也经历过连续的彻夜不眠,也经历过很多重大事件,慢慢地发现功在平时,想让自己变得从容,就要平时多努力。平时里储备够了,在面对重大事情的时候也能睡得着、睡得香。这几天,你在家好好休整,什么也不用想。等你回来,我们先试着确认一下这个方法的缺陷,再找找有没有其他合适的检测方法。"

休假结束后,我心情好了很多,准备开始新的实验。师傅把他这段时间关于实验的设想跟我交流了一下。假定这个方法重现性差,那么做加样回收实验就一定会出现回收率不稳定的现象。这样就能验证这个方法的重现性差,如图5-4所示。

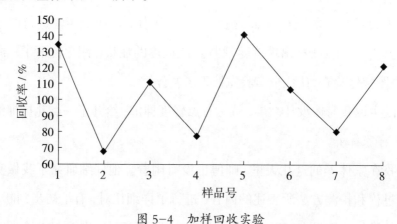

图 5-4　加样回收实验

果然,经过 8 次的加样回收实验,其回收率正如师傅所虑,存在极大偏差。这说明该方法对海参多糖的测定存在很大的误差,因而苯酚-硫酸法可能无法准确、可靠地测出海参多糖的含量。

我们进一步分析其产生的原因，认为可能是因为样品经乙醇溶液沉淀高分子物质和铜试剂沉淀多糖步骤处理后，导致测定结果出现大范围波动。

明天安排实验，确认一下样品前处理这两个过程对海参多糖含量的测定是否存在影响，如表 5-1 所示。

表 5-1　多糖含量实验

样品平均值（n-8）	乙醇沉淀		铜试剂沉淀	
	上清液	沉淀	上清液	沉淀
添加标准品/毫克	50	50	50	50
测得多糖量/毫克	12.3	37.7	2.31	53.23
平均回收率/%	24.6	75.4	4.62	106.46

通过实验结果发现，乙醇不能将多糖分子全部沉淀下来，大约有 1/4 的多糖分子留在乙醇上清液中，这部分含量通常在测定时会被忽略。而铜试剂处理样品能小幅度增加海参多糖测定的结果，这可能是因为铜试剂与多糖发生反应一起进入后续的测定步骤，在苯酚、硫酸的作用下解离，产生了颜色干扰。因此，苯酚硫酸法不适用于海参多糖含量的测定。

今天收获满满。下班的时候，师傅教导我，不可轻信权威。"鞋子合不合脚，必须亲自去试试。"

5.8 重拾信心再出发

继排除苯酚-硫酸法不适合海参多糖含量的测定后，我发现蒽酮硫酸法也不适合，因为原理差不多。为了获得准确的数据，还需要重新寻找并建立检测方法。

快走完的路又要回到起点重新开始，心情稍有些沮丧。不过，前期虽然在苯酚硫酸法上浪费了很多时间，但最终通过一系列的思考与实验，证明了用这个方法来测定海参多糖含量是行不通的，这也算是一种成就。为了早日找到并建立合适的海参多糖测定方法，又要到网上论坛等地方寻找可能有效的检测方法。终于"功夫不负有心人"，在某期刊中发现了《海参口服液中海参多糖的测定》这一篇论文，给海参多糖检测方法的建立带来了曙光。

这个方法被称作海参多糖特异性显色法（天青Ⅰ试剂染色法）。其原理是能与海参多糖的聚阴离子基团直接反应生成海参多糖-天青Ⅰ复合物，此反应为海参多糖的特异性反应。该复合物在特定波长下对光有特定吸收作用，而其他非多糖物质不影响其显色效果。通过测定该复合物在此最大吸收波长下吸光值的大小，可以准确地获得海参多糖的含量。用到的主要仪器还是紫外-可见分光光度计。不过，这个实验需要用到海参多糖的标准品。师傅通过朋友,从某科研单位买了一些自制的海参多糖标准品,我们又能继续新的实验了。

老规矩,先建立标准曲线。用紫外-可见分光光度计对天青Ⅰ试剂与海参多糖发生特异性结合后的蓝紫色生成物最大吸收波长进行了确认,发现其在547纳米处有最大吸收峰,如图5-5所示。

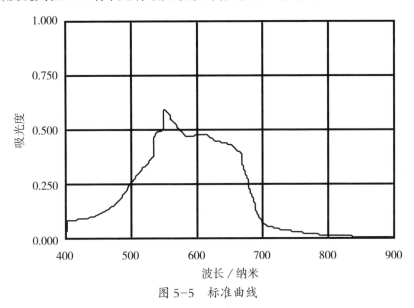

图 5-5 标准曲线

在此基础上,建立了海参多糖的标准曲线。但是,之后多次实验结果发现,海参多糖与天青Ⅰ试剂的显色反应在其浓度为5~40毫克/升之间,海参多糖的浓度与吸光值的大小呈正相关,线性关系好。而高于此浓度,其吸光值稳定,不再增加。因为天青Ⅰ只能与部分多糖发生内包合,产生了特异性显色,而多余的多糖成分则只能与天青Ⅰ发生不稳定的结合,而不发生颜色变化,所以选择以海参多糖标准液浓度5~40毫克/升为横坐标制备标准曲线。见下图。

当然,这也导致测定样品在完成前处理后,可能要经过多次检测,把海参多糖含量稀释或浓缩到 5～40 毫克/升范围内,才能测得准确数据。

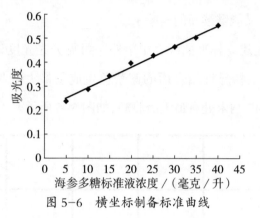

图 5-6 横坐标制备标准曲线

最终,海参多糖的标准曲线为 $A=0.0087x+0.2057$,其中 A 表示 547 纳米下海参多糖的吸光值,x 表示海参多糖标准稀释液的浓度。$R_2=0.9914$,其为一直线。

其实,刚发现上面这个问题的时候,心情也很惆怅,不过没有之前那么焦虑,能够冷静下来重复几遍实验,来确认问题后,再查阅资料,分析问题发生的原因。这个习惯的建立跟前期做实验经历磨难与挫折是分不开的。

为了避免重蹈覆辙,我又对这个方法做了稳定性和重现性测试。

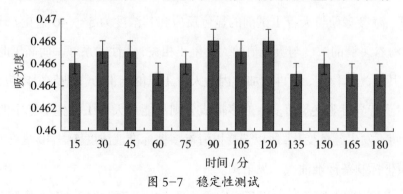

图 5-7 稳定性测试

稳定性测定结果显示3小时内,天青Ⅰ-海参多糖复合物的吸光值与平均值之间没有显著差异,即稳定性很好。

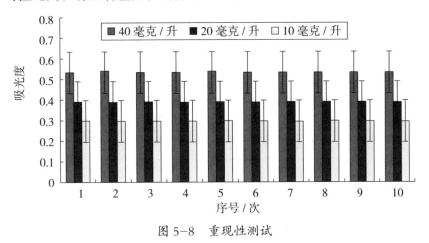

图5-8 重现性测试

重现性测定结果显示,在有效测定浓度40毫克/升、20毫克/升和10毫克/升三个系列溶液范围内,每个系列浓度的重现性都很高。说明测定方法的重现性良好,并且不受待测样品浓度影响。

正所谓"一朝被蛇咬,十年怕井绳",本着科学严谨的态度,再进一步验证方法的可靠性,做了加标回收实验,如表5-2所示。

表5-2 加标回收实验

编号	加标准量/毫克	测得多糖/(毫克/升)	回收率/%	平均回收率/%	RSD/%
1	0.0000	20.6			
2	0.2000	34.3	96		
3	0.2000	34.5	96.8		
4	0.2000	34.2	95.6	95.47	1.41
5	0.1000	29.5	94.6		
6	0.1000	29.6	95.2		
7	0.1000	29.5	94.6		

该方法加样回收率为95.47%，具有较高的回收水平。

此外，因该方法属于特异性结合反应，样品不经乙醇沉淀和铜试剂沉淀步骤，所以其中的葡萄糖和蛋白质没有去除。我们接下来要进一步确认两者对检测结果是否有影响，如表5-3所示。

表5-3　检测结果确认

试验样品	547纳米处测定吸光度
水与天青Ⅰ试剂	0.2263
葡萄糖与天青Ⅰ试剂	0.2276
中性蛋白酶与天青Ⅰ试剂	0.2263

葡萄糖、蛋白质对海参多糖的测定是没有影响的。样品可以经过多糖提取后直接测定，不需要经历去除葡萄糖和蛋白质的过程。

5.9 满意的答卷

历经三个多月的时间,终于把海参多糖含量的测定方法建立起来。用该方法测定的客户所供干海参中海参多糖含量为 2.205 毫克/克,客户对我们的服务非常满意。

通过这次业务转型,我的心态成熟了很多,看待问题的视野变得更加宽广,思维体系也更加系统,不再像以前一样孤立地看待检验、鉴定与检测工作。当然,更重要的是我从以前的舒适区里走出,收获了良好的思考习惯。

6 适运水检测

近年来，随着矿产品贸易的激增，矿产品贸易的海事翻船事故也在迅速增长。2010年底，我国沿海及公海水域连续发生载运海运精选矿粉和含水矿产品船舶倾覆事故，造成了较大人员伤亡和财产损失。为深刻吸取事故教训，有效防范和遏制涉及载运精选矿粉和含水矿产品船舶发生重特大事故，海事局要求执行《国际海运固体散货规则》。

目前测试适运水分极限(TML)有三种通用方法：流盘实验、插入度实验、葡式/樊式实验。三种方法各有优点，检测机构可按照当地实际情况或主管机关确定而选择测试方法。

6.1 初次接触适运水检测

2016年2月的一天,我突然接到通知,公司要成立董家口实验室,准备做适运水业务,刚听到这个概念,我一头雾水,这项业务是要干什么的、该如何开展工作?我立刻放下手里的活,一方面查资料,另一方面请教老师傅,终于搞明白了是怎么回事。原来一方面是船舶摇摆和震动等外部作用,另一方面则是货物含水量超过适运水分极限。适运水业务由此而来。船舶摇摆振动在航行中是不可避免的。因此,要保证所装货物的含水量低于适运水分极限,才是保证船舶安全运输的关键;适运水的根本宗旨是要保证船装完货后在海上航行途中的安全,防止水分过大导致水分从货物中渗透出来,造成货物移位,使船舶瞬间倾覆。

搞明白了这个原理后,我瞬间觉得我将要开展的这个工作责任重要,关乎每个船员的生命安全和货物的财产安全,小小的检测工作却关乎千千万万个家庭的幸福,这是我此前所没意识到的。我通过查询资料得知后,于是跟领导申请,全力以赴专职干这个工作。根据国际干散货船东协会(Intercargo)发布的《2019年散货船事故报告》,2010年至2019年的10年间,全球范围内大于10 000载重吨位的船舶总共发生了39起散货船舶致命事故,货物移位和液化是过去10年里散货运输安全最令人担忧的问题之一。

为了更好地理解这个概念,我又从网上找了一些图片。

看了这些图片之后,不难想象,船里满满的水在航行途中是多么危险。

6.2 筹建实验室

俗话说得好:"磨刀不误砍柴工。"想要干好这个活,无论从硬件还是软件上都要做好充分的准备。面对一切从零开始,我鼓足了勇气,迎接一切挑战。农历正月十五这天,别人都在家过着团圆节,我默默地开始了董家口实验室的筹备组建工作,准备着设备的招标、采购及设备校验工作。但实验室各项制度都没有,针对实验室工作区作业、禁区不明显,容易引发安全事故。我开始很着急,没有一点思路。但是我很快静下心来,通过请教别家实验室,我分别设立了安全操作区、操作禁区、工具区、清洁区等,并用警示标志带进行区分,从根本上实现实验室的安全化、标准化、规整化,做到"三化合一"。看着逐步完善的实验室,内心的自豪感油然而生,撸起袖子准备大干一场。

6.3 开始营业了

经过长达半年的准备，实验室终于要开业了。开业的前一天晚上，我激动得一晚上没睡着。开业那天，领导讲了好多话，最重要的一点就是要恪守原则、坚守底线，保证实验数据的准确性，为广大船员朋友的安全保驾护航。面对领导振聋发聩的演讲，我深感肩上的责任重大，不容出现一丝一毫的马虎。

6.4 学习新知识了

面对即将开展的工作,我把这本《国际海运固体散货规则(2019年综合文本)》随时带在身边。

书中的概念总结起来主要有以下几个。

固体散货:除液体和气体外,由颗粒、晶粒或较大块状物质组成,其成分基本一致,且无任何包装又不能按件数的货物直接装入船舶的货物处所且无需任何中间围护形式。

可流态化货物:含一定比例细微颗粒和一定数量水分的货物,这类货物装运时含水率超出其适运水分极限,就有可能流态。

图6-1 《国际海运固体散装货物规则》2019年综合文本

含水率（Moisture Content）：货物样品中由水（包括冰）或其他液体构成的部分，按样品湿重总量的百分比计。

流动水分点（Flow Moisture Point，FMP）：使货物的代表性样品在规定的试验过程中产生流态时的含水量百分比，通俗地说就是指易流态化固体散装货物发生流动时的最小含水率。

适运水分极限（Transportable Moisture Limit，TML）：易流态化固体散装货物安全运输的最大含水率，通常按其流动水分点的80%~90%确定。

静止角：非黏性（即自由流动）颗粒物质的最大斜面角。是在水平面和这类物质的锥形斜面之间量取的角度。

积载因数：表示一吨货物所占用立方米数量的数字。

流动状态：大量颗粒物质被液体浸湿到一定程度时，在振动、撞击或船舶运动等主要外力的影响下丧失内部抗剪强度并起到液体作用时出现的状态。

测定TML所需的采样/试验和装货的间隔期：测定固体散货的TML的试验应在装货之日前6个月内进行。尽管有此规定，但如货物成分或特性会由于各种原因发生变化，则在有理由认为此种变化已经发生的情况下，应再次进行测定TML的试验。

测定含水量所需的采样/试验和装货的间隔期：测定含水量的采样和试验时间应尽实际可能与装货时间接近。如从试验到装货期间下了大雨或大雪，则应进行核对试验，以确保货物含水量仍低于TML。采样/试验与装货的这一间隔期决不得超过7天。

《国际海运固体散装货物规则》对固体散装货物的分组如下。

A组：易流态化货物，包括那些运输时的水分含量超过适运水分极限时可能会流态化的货物。

B组：具有化学危险性的物质，包括那些运输时会使船舶产生危险局面的具有化学危险的货物。

C组：包括既不易流态化(A组)也不具有化学危险(B组)的货物。

6.5 开始接单了

光有理论知识还不行,还要有客户。只有源源不断的业务收入,才能保住我的"饭碗"。于是我不断地打电话让客户过来参观我们的实验室。在我的不懈努力下,终于拉来了第一个客户——青岛和信船代。公司负责人明确地跟我说:"我只给你一单,要是做不好,我立马到别家做。"面对第一次,我和领导立下了军令状,干不好这第一单我就地辞职。于是,在这种压力下,我开始了第一单的业务。

6.6 爬大高垛

通过前期学习理论得知，干这个活的第一步是要取样，于是我认真捋了一遍取样的流程。

（1）劳保鞋、工作服、反光背心、安全帽、手套、护目镜、手电筒、口罩等个人防护物品需佩戴整齐。

（2）检验鉴定委托单、船舶信息，堆场信息，装货信息的确认，现场货物的识别。

（3）取样方案的制定：易流态化固体散装货物取样方案《国际海运固体散货规则》要求：①拟装船货物重量不超过 15 000 吨，每 125 吨货物应取一个不少于 200 克份样；②拟装船超货物重量过 15 000 吨但不超过 60 000 吨，每 250 吨货物应取一个不少于 200 克份样；③拟装船货物重量超过 60 000 吨，每 500 吨货物应取一个不少于 200 克份样。

（4）确定装船货物对应堆垛位置，查看堆垛情况，现场货物实际吨数，采用堆垛布点方式取样。

（5）与堆垛表面距地面 50 厘米以上高度分上、中、下三层均匀布点，并深入表面大于 50 厘米的位置采取样品。上、中、下三层子样数呈 1:2:3 的比例取样。取样需挖深至表面 50 厘米以下，以及距地面 50 厘米以上进行取样;阳面、阴面皆应取得样品。样品取毕后的分装必须按要求装入塑料内袋进行密闭处理防止水分散失,并用胶带把外袋绑好,做好唯一性标识。

(6)取样照片包括但不限于:①堆垛整体情况,②挖深50厘米照片,③布点取样后堆垛场景照片,④取得的样品照片,⑤样品标记(委托单号、品名、检测项目、重量)。

第一次真正到了现场,我被跟大山一样的货垛给吓住了,起码有6层楼高,我能爬上去吗?经过我不断地努力,终于迈出了第一步。

(a) (b)

图6-2 货垛

6.7 拿到实验室制样

样品我取回来了,接下来就要制样了,制样的过程就是混匀缩分的过程。这一步要充分把样品混匀,防止样品因不匀做出来的结果差异很大。

(a) (b)

图 6-3 制样

6.8 来重点了

适运水分极限检测方法目前有3种：流盘法、插入度法、葡式/樊氏法，下面我将详细地介绍这3种方法。

6.8.1 流盘法

别看这么一台小小设备，它做出来的结果关乎船舶能否安全的装货呢。那该如何操作呢？

（1）装填圆模，将圆模置于流盘中心，将搅拌均匀的试样分3层装填。经捣实后的第一层约占圆模深度的1/3，第二层约达到圆模深度的2/3，最后一层试样经捣实后应刚好达到圆模顶边的下部。捣实的目的是将试样压实到类似货物在船舱

图6-4 检测

舱底堆放时的状态。下层捣棒捶捣约 35 次,中层约 25 次,上层约 20 次。

(2)两份试样的加水量相差宜为 0.5%。

(3)撤去圆模后,将流盘以 25 次/分的速率自 12.5 毫米高处下落 25 次。如试样的含水量低于流动水分点,则取下试样向内加入 5～10 毫升。当含水量接近流动水分点时,应以 0.4%～0.5% 的增量加水,重复前面步骤直到达到流态为止。(通常直径首先增加 1～5 毫米,再次加水后,底部直径会增大 5～10 毫米,通过实验测得截锥体底部直径增量在 6～8 毫米时,更接近于流动水分点)。

(4)将样品置于烘箱中,烘至质量恒定为止。不同矿种烘干温度要求不同,若有国家相关标准,则参照执行;若无则采用《国际海运固体散货(IMSBC)规则》中规定的测试温度在 105 摄氏度下进行烘干。

(5)分别计算样品的含水量,取流动前后样品含水量的平均值作为样品流动水分点水分含量值。

是不是看起来有点麻烦呢?正因为如此烦琐,才能保证做出来的数据准确可靠,别着急,下面还有注意事项。

注意事项如下。

(1)称量前样品应充分混合,保证所取样品的代表性。

(2)称量时,前后两份样品质量应相近,以保证加入相同水量对两份样品的影响相同。

(3)当样品将要达到流动水分点时加水量要少,不能超过样品质量的 0.4%～0.5%。(因为样品达到流动水分点后,随着水分含量的增加,样品的直径增加量会迅速变大。)

(4)当样品达到流动水分点振动完成后,应快速将样品收集于搪瓷盘中称量，并记录于原始记录中，以免受环境影响水分散失过大。

6.8.2 插入度法

（1）本试验一般适合于精矿、类似物质以及最大粒度为25毫米的煤。

（2）称取样品于混样桶中（煤炭约3.5千克，铁矿砂约5.5千克，样品数量应依据实际货物的比重配制），并记录样品质量；

（3）由预实验得到流动时水分含量近似值，在主试验时加入适当水量，两份试样的加水量相差宜为0.5%，搅拌直至均匀；装填筒形容

图6-5 取样

器，将样品分3～4步装填相应的筒型容器，每装入一层后均用规定的捣棒夯实。夯实时在该物质整个表面均匀施压，直到形成均匀的平整表面。

（4）将筒形容器放于振动台上，并固定好；振动器以50赫兹的频率和为2 grms±10%加速度运转6分钟，读取压入深度。当插入深度小于50毫米时，则判定未发生流态化。将该物质从筒型容器中取出，连同剩余试样放回混样盆中，喷洒加水，增量不多于碗中试样质量的1%，并搅拌均匀。当压入深度大于50毫米时，则判定认为已发生流态化，按含水量的测定方法测定水分含量。

（5）根据所加水量计算试样正要达到流动水分点前的含水量，取流动

前后含水量的平均值作为样品的流动水分点。当插入深度远超过70毫米时,则判定认为样品含水量远超流动水分点,应重新取样试验。

重点注意事项如下。

(1)当要开启振动器时,首先要检查控制电压,保证在低压下开启振动器电源,防止突然加入大电压造成设备的损害。

(2)填装样品于圆缸中时,要使用加速度测定仪测定振动器加速度是否能够稳定在 2 grms ± 10% 范围内。如果无法达到,要通过调节控制器控制电压,使其稳定在规定范围内。

(3)对于高岭土等黏度较大的样品,填装样品加水时要少量多次,且不停地搅拌,防止一次性加入过多导致黏在一起,无法混匀样品。

(4)设备应放置在水平平面,放置平面不应出现凹凸不平或倾斜等情况;压入棒必须与试样水平面垂直。

6.8.3 葡式/樊氏法

2015年,国际海事组织海上安全委员会第95届会议通过的《国际海运固体散装货物规则》(IMSBC规则)第03-15修正案,要求使用改进后的葡式/樊式法对铁矿粉进行测试。该方法是专门针对铁矿粉特性而改进的一种铁矿粉极限水分测试方法。葡式/樊式法

图 6-6 葡式/樊式法

最大粒度可适应 31.5 毫米以下颗粒，比 IMSBC 规则 2011 年原规则推荐的其他两种方法（流盘法和插入度法）适用粒度范围更大。铁矿粉尽管已经初级粉碎，但仍有较大颗粒存在，而较大颗粒的铁矿粉不适用流盘试验及插入试验进行适运水分极限测试。

原理下如：调整样品的含水量，以获取水分含量逐渐增加到接近饱和的样品，并用改进葡式设备对不同含水量的样品进行 5～10 次压实试验（5～10 组独立试验），试验序列的结果用一条具体的压实曲线表示，并通过压实曲线和表示饱和度 $S=70\%$ 直线的交点确定适运水分极限。

表 6-1 是我做的数据。

表 6-1　葡式／樊式法数据

货物名称／样品标识	煤／龙口 29-6				
样品初始水分／%，收到基	8.26				
圆桶体积／毫升	2 120	2 120	2 120	2 120	2 120
样品质量／克	2 500	2 500	2 500	2 500	2 500
试验加水量／毫升	50	100	150	200	250
试验编号	1	2	3	4	5
空桶质量／克	6 458.7	6 459.6	6 459.7	6 459.3	6 461.1
圆桶和夯实的样品质量	8 658.9	8 728.8	8 924.4	9 073.2	9 105.7
湿试样的质量／克	2 200.2	2 269.2	2 464.7	2 613.9	2 644.6
空盘号	N7	N45	N42	N1	N23
空盘质量／克	253.9	216.8	216.6	240.4	210.6
空盘加湿样质量／克	815.8	786.7	791.6	1064.6	839.2
空盘加干样质量／克	758	720.8	715.8	945.5	744.6
湿样质量／克	561.9	569.9	575.0	824.2	628.6
干样质量／克	504.1	504.0	499.2	705.1	534.0
干试样的质量／克	1 973.9	2 006.8	2 139.8	2 236.2	2 246.6
水的质星／克	226.324 185 8	262.4	324.911 76	377.718 381	397.994 209
固体物质的密度／（克／厘米^3）	1.344 702 514	1.344 702 51	1.344 702 5	1.344 702 5	1.344 702 51

续表

干散货的密度/（克/厘米³）	0.931 073 497	0.946 605	1.009 334 1	1.054 802 65	1.059 719 71
水分净含量/%	15.418 330 76	17.582 519	20.418 359	22.713 667 5	23.821 883 5
水分净含量	0.154 183 308	0.175 825 19	0.204 183 6	0.227 136 67	0.238 218 83
空档比	0.444 249 588	0.420 552 94	0.332 267	0.274 838 01	0.268 922 81
饱和度	34.706 460 48	41.808 099	61.451 657	82.643 835 4	88.582 607
总含水量/%	10.286 528	11.563 432	13.182 609	14.450376	15.049 316
净含水量/%	11.465 978 97	13.075 396 8	15.184 295	16.891 221 1	17.715 355 8
分析数据	水分净含量	空档比	饱和度=50%	饱和度=70%	饱和度=90%
	0.154 183 308	0.444 249 588	0.308 366 615	0.220 261 868	0.171 314 786
	0.175 825 19	0.420 552 941	0.351 650 38	0.251 178 843	0.195 361 322
	0.204 183 595	0.332 267 031	0.408 367 19	0.291 690 85	0.226 870 661
	0.227 136 675	0.248 380 13	0.454 273 35	0.324 480 964	0.252 374 083
	0.238 218 835	0.268 922 809	0.476 437 67	0.340 312 621	0.264 687 594
S=70%交点时水分净含量	0.213 024 581	/	/	/	/
TML	13.68				

做完数据还有最重要一步是要画出来曲线。

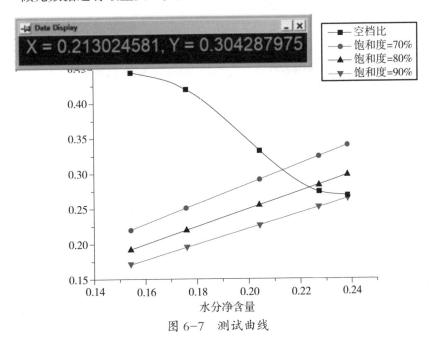

图 6-7 测试曲线

接下来还要整理数据，出报告，这是我出的检验报告，上面还有我的签字呢。

图 6-8　检验报告

怀着忐忑的心情把检验报告交给了客户，客户要拿着这个报告提交海事部门，只有海事部门批准了才能装船。原本以为客户会挑问题，没想到的是客户对我做的报告连连称赞，我内心如释重负，"功夫不负有心人"，付出了半年多的努力终于看到了回报。

6.9 开始装船了

实验做完了，但是还有工作没干完。得到海事部门的批准，要准备装船了，还需要我到现场监装。需要看着货装进船舱里，看看船舱里边的货是不是和我去堆场取的样品一致，还要确认船舶及需装货物与委托信息的一致性，了解有关货物在码头堆垛时是否存在降尘喷淋喷水、在港运输、传送带传送过程中喷水等情况，发现喷水需向码头索取水表或流量计的统计数据；在码头堆场时的天气变化，装船时的天气变化，是否导致了货物状态的变化；坚持雨天装船要报告，沟通码头是否需要加盖篷布，大雨不得装船；注意船舱是否适载，船舱清洁程度，舱盖是否开关自如，舱盖关闭后是否可以密闭，有无变形，舱内排水管路是否有明显的损坏，舱内是否有明水等异常情况；装船过程中，有不同货物混装时，是否按照委托品名、重量装船，是否符合船方配载、积载要求装载；装船过程是否导致货物状态发生变化，如装货过程下雨、误操作导致船舱进水等；所装货物是否需要进行平舱处理，有无平舱，等等。

图 6-9 装船

终于干完了,我长舒了一口气。原来适运水这个工作这么复杂,一点都不能偷懒。我深知学无止境,不断地总结、反思,工作之余跟同行们请教经验。我一直用这句名言鞭策自己:"有志者,事竟成,破釜沉舟,百二秦关终属楚;苦心人,天不负,卧薪尝胆,三千越甲可吞吴"。作为一名"中检人",为公司成长不断地添砖加瓦,贡献自己的微薄之力。